TRAITÉ

DE LA

TAILLE ET DE LA CULTURE

DES

ARBRES FRUITIERS.

DU

POIRRIER, DE LA VIGNE DANS LES JARDINS, DU POMMIER, DE L'ABRICOTIER, DU PRUNIER, DU CÉRISIER ET DU FIGUIER.

Avec 22 Planches intercalées dans le texte.

GAND,

CHEZ F. ET E. GYSELYNCK, IMPRIMEURS,

RUE DES PEIGNES, N° 36.

—

1851.

TRAITÉ

DE

LA TAILLE ET DE LA CULTURE

DES

ARBRES FRUITIERS.

TRAITÉ

DE LA

TAILLE ET DE LA CULTURE

DES

ARBRES FRUITIERS.

DU

POIRRIER, DE LA VIGNE DANS LES JARDINS, DU POMMIER, DE L'ABRICOTIER, DU PRUNIER, DU CÉRISIER ET DU FIGUIER.

Avec 22 planches intercalées dans le texte.

GAND,

CHEZ F. ET E. GYSELYNCK, IMPRIMEURS.

RUE DES PEIGNES, N° 56.

1851.

DE LA TAILLE

DES

ARBRES FRUITIERS.

ÉTABLISSEMENT, FORMATION ET ENTRETIEN DES CULTURES FRUITIÈRES.

Première planche.

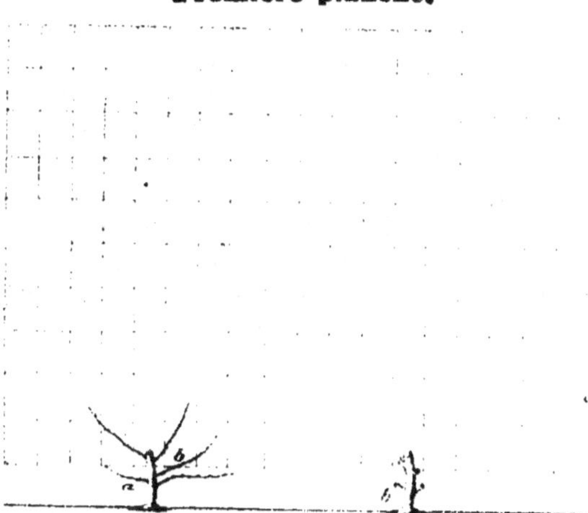

Préparation des Murs, des Treillages, du Terrain, des Arbres et de leur Formation, de l'Exposition, de la Plantation.

Les murs figurés sur toutes les planches ont 2 mètres 80 centimètres de hauteur à partir du sol jusqu'à la bordure. Le treillage a 2 mètres 50 centimètres de hauteur, ce qui laisse 0 m. 15 c. du sol au treillage et 0 m. 15 c. du haut du treillage à la bordure ou égout en tuiles. Tous mes treillages pour recevoir les arbres sont faits de la même manière. Je considère comme très-avantageuses les bordures en tuiles; je trouve même encore urgent d'adapter un abri plus saillant dans l'intérêt de la culture dont il va être parlé plus loin. Les murs qui ne seraient pas suffisamment élevés pourraient être dispensés d'avoir des bordures pour ne pas gêner les arbres quand ils atteignent le haut du mur; elles seraient remplacées seulement par l'abri dont il a été question. Les carreaux des treillages ont chacun 0 m. 25 c. de hauteur sur 0 m. 20 c. de largeur. Si l'emplacement du mur ne permettait pas de les établir de cette dimension, afin de ne pas perdre un cordon qui est d'une grande importance sur une muraille, quant au produit, on pourrait diminuer les carreaux du treillage de 2 ou 3 centimètres sur la hauteur et autant sur la largeur. Le treillage en bois a un grand avantage pour dresser et palisser les arbres.

L'abri dont il vient d'être parlé, a un grand avantage, qu'il soit établi en paille ou en planche. C'est au moment de la végétation qu'il faut le poser, et l'on est obligé, dans certaines années, de le laisser jusqu'à la fin de juin : cela dépend de l'état de l'atmosphère. Sans cette attention, il arriverait souvent que des brouillards, des pluies et une infinité de causes porteraient préjudice au développement des fleurs et des fruits. Cette précaution est très-avantageuse dans les endroits humides, tels que près des rivières, des prairies et des bois où les brouillards tombent fréquemment. Il n'est pas si nécessaire dans les endroits bien aérés, comme dans les plaines et les vallées où les vents circulent librement, et où les brouillards se forment rarement et séjournent peu.

De l'Exposition pour planter les Arbres et la Vigne.

L'exposition de l'est, du sud, du sud-est et du sud-ouest, jusqu'au soleil de deux heures, convient parfaitement aux treilles. Le nord, le nord-ouest et le couchant, conviennent aux poiriers. Il est vrai que cette essence se plairait à tous les points cardinaux, sauf quelques variétés tardives, comme le Bon-Chrétien d'hiver et autres qui mûrissent difficilement à une autre exposition qu'au midi et au levant; mais il n'en est pas de même des raisins, qui mûrissent très-difficilement à d'autres expositions qu'à celles que je viens de désigner.

De la Plantation des Arbres sortant de la Pépinière.

On doit prendre de bons arbres en quenouilles; les nains sont ordinairement ceux qui ont le moins végété. Il faut qu'ils aient un an ou deux de greffe au plus, qu'ils aient été élevés dans un bon terrain, et qu'ils soient bien vigoureux. Les arbres au-dessus de cet âge, sortant de la pépinière, se développent ordinairement mal et ne produisent souvent qu'un mauvais effet.

Le terrain et les trous bien préparés, on commence par rafraîchir les racines avec la serpette de manière que la surface de la coupe porte sur la terre ; on rabat l'arbre, soit d'un an ou de deux ans de greffe, à 22 ou 25 centimètres, pour des arbres que l'on plante le long des murs et non pas dans l'intérieur des jardins. Pour faire des pyramides, on doit alors rabattre de 35 à 40 centimètres. On met ensuite l'arbre dans le trou afin que le pied soit à environ 15 centimètres du mur, la greffe autant que possible sur le devant ; on rapproche la tête de l'arbre à 7 centimètres du mur, en faisant en sorte que cet arbre soit élevé de 6 centimètres au-dessus du niveau du sol, et que la greffe soit toujours apparente quand la terre est tassée. On met ensuite de bonne terre meuble et bien préparée sur les racines, après qu'elles auront été bien distancées les uns des autres, puis on comble les trous et on ne tasse la terre que très-légèrement, même pas du tout si l'on veut. On ne saurait trop prendre de précautions pour bien faire les plantations.

La plantation des arbres doit se faire à 2 mètres les uns des autres, le long des murs, comme ils sont figurés, quand ils sont greffés sur coignassier, et à 3 mètres quand ils sont greffés sur franc. Au moyen de cette plantation, on lève, au bout de quatre, de cinq, de six ou de sept ans de plantation, la moitié des arbres, c'est-à-dire un entre, qui se trouvent tout formés et dont on peut disposer. Par ce moyen, ceux qui sont sur coignassier se trouvent plantés à 4 mètres, et ceux sur franc sont à 6 mètres.

Cette plantation est celle qu'on doit adopter ; on a ainsi toujours des arbres pour remplacer ceux qui ne conviennent pas, soit par leur végétation, soit par leur nature.

J'ai toujours préféré planter sur coignassier, à moins que le terrain ne réponde aucunement. On a l'avantage de récolter plus tôt, et de remplacer ces arbres avec plus de facilité ; car on peut même lever un arbre sur coignassier de l'âge de quinze à vingt-cinq ans, comme je l'ai fait plusieurs fois, avec certitude de sa reprise par le fait que ses racines tracent, sont en plus grand nombre, et ont beaucoup plus de chevelu. Sur franc, on n'a pas tout-à-fait le même avantage, les racines sont beaucoup plus dures, se prolongent

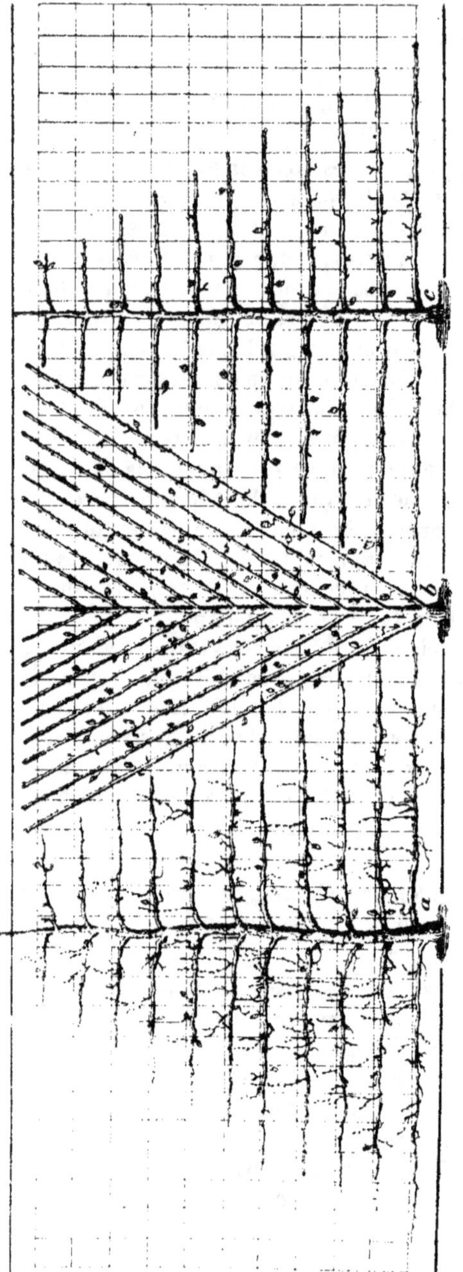

moins sur le sol, parce qu'elles piquent davantage, la reprise, par cela même, doit se faire moins facilement.

Il ne faut pas planter à une distance très-éloignée, comme le prétendent quelques Horticulteurs, pour faire des arbres d'une envergure énorme; il vaut toujours mieux concentrer un peu la sève que de trop l'étendre : les fruits n'en sont que plus beaux. Si les arbres, par suite, prennent trop de développement, on en redresse un entre, comme je l'ai mis en usage. On arrive encore par ce moyen à faire des arbres de **7** à **8** mètres d'envergure par le bas, ce qui fait des arbres admirables, comme on peut le voir à la planche ci-contre.

Quand deux arbres sont figurés sur une planche, le premier indique celui en pousse; le second figure le même, mais taillé, et se retrouve sur la planche suivante pour être représenté en pousse; par ce moyen, il est facile d'apprécier tout l'ensemble du travail.

Les planches sont placées au commencement de l'article qui les oncerne.

De la Préparation du Terrain avant de planter.

Plus on fait de sacrifices pour préparer la plantation, plus on obtient de bons résultats. Je crois inutile d'en faire une description longuement détaillée; mais pourtant, avant tout, il faut faire défoncer la plate-bande à 0 m. 50 c. de profondeur sur 2 m. 50 c. de largeur, largeur suffisante pour établir un contre-espalier si on le juge nécessaire. Tous les propriétaires et les horticulteurs doivent connaître leur localité. Je me borne seulement à dire qu'il faut faire des trous carrés de 1 m. 55 c., sur 0 m. 65 c. de profondeur; cela suffit dans un bon sol; mais dans des mauvais, tels qu'un terrain tufacé, glaiseux, etc., etc., il serait préférable d'enlever le sol de 2. m. 50 c. sur 0 m. 60 c. de profondeur, et de rapporter de nouvelles terres : des gazons dans le fond des trous sont très-bons; des fumiers mélangés avec de bonnes terres, des curages de poêles et de rivières non ravineuses; des plâtras pilés sont excellents, surtout dans les terrains froids et humides.

De la Taille de l'Arbre figuré à cette première planche, sortant de la pépinière, première année de plantation.

Ce premier arbre *a*, étêté à 22 centimètres au-dessus de la greffe, est représenté taillé sur la même planche. Sa taille est faite sur une branche de chaque côté, coupée chacune à 8 centimètres de la tige, de manière que ces deux branches soient un peu au-dessous du treillage; il faut faire en sorte de laisser un bon œil à l'extrémité de la tige pour obtenir à l'avenir une branche que l'on nomme flèche. La branche *b* a été entièrement supprimée; ce moyen s'emploie lorsqu'on veut commencer un arbre en palmette simple, sur une branche verticale.

Deuxième planche,

FIGURANT LA PREMIÈRE POUSSE DE L'ARBRE TAILLÉ.

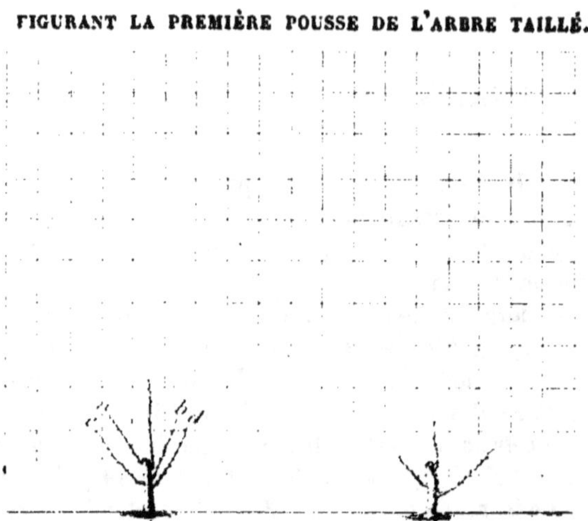

On voit qu'avec des précautions on obtient une belle végétation.
Il paraîtra peut-être difficile aux Horticulteurs, de dresser les branches des poiriers d'une manière aussi uniforme: rien n'est cependant
plus facile. Vers la fin de mai et dans le courant de juin, cela dépend
de la végétation, on attache les jeunes pousses des extrémités des
branches-mères avec de petits osiers ou joncs, au moyen de petites
baguettes que l'on adapte au treillage; (je crois inutile de les figurer sur les planches, pour ne pas faire de confusion); alors on
parvient à avoir des branches régulièrement dressées : ce moyen
flatte d'abord l'œil et dispose la sève à circuler librement. Quand
ce travail n'est pas fait dans un moment convenable, c'est-à-dire,
trop tard, les branches font presque toujours au commencement de
la pousse un petit coude, qu'on ne redresse qu'avec beaucoup de
difficulté.

De la Taille de ce même Arbre.

Il faut commencer par couper avec la serpette à 1 millimètre
du tronc, pour ne pas enticher les branches *a* et *b*, afin que
les plaies se recouvrent facilement. Les branches-mères *c* et *d*,
doivent être taillées à 16 centimètres environ, y compris les 6 cen-

timètres de la première taille : c'est suffisamment pour une première année. Le biseau de la taille doit être fait, autant que possible, dans le sens opposé à celui de la dernière coupe, afin de faciliter le redressement des branches : on les attache au treillage telles qu'elles sont figurées sur la planche. On taille ensuite la flèche à 23 centimètres de hauteur, de la dernière taille, de manière qu'elle atteigne le deuxième treillage, pour l'y attacher. Il faut que le biseau de la coupe soit toujours dans le sens opposé à l'œil ; que le commencement de cette même coupe parte en face du point supérieur de l'œil, ainsi qu'il est figuré, pour ne point altérer celui-ci. Alors au-dessous de cet œil terminal de la flèche, on aura soin qu'il y ait deux yeux à 23 centimètres environ des deux branches inférieures, distance qu'il doit y avoir d'une branche-mère à l'autre et pour toutes les branches en général : les carreaux des treillages sont faits de manière à ne pouvoir s'y tromper. Ces yeux doivent être parallèles aux deux branches qui sont au-dessous ; c'est ce qui prépare la direction régulière de l'arbre, comme il est facile de s'en convaincre, en examinant attentivement la planche.

Je viens de dire que les carreaux des treillages sont faits de manière à ne pouvoir s'y tromper : les carreaux sont chacun à 25 centimètres l'un de l'autre en hauteur, distance un peu éloignée, il est vrai, pour des terrains pauvres, mais convenable pour des terrains riches ; car, qu'on se reporte à ce fait positif, quand l'arbre a 20 à 25 ans, il a des branches mères de 16 centimètres de pourtour, ou 5 centimètres de diamètre, ce qui réduit l'intervalle de 25 centimètres, à 20, distance qu'on doit admettre pour avoir de bons et beaux arbres, non confus de branches et bien aérés : on n'en récolte que plus et de plus beaux fruits.

Je recommande expressément de ne se servir que le moins possible de sécateur, pour faire la taille des arbres à fruit et des treilles. Cet outil, quelque bon qu'il soit, froisse la partie qu'il enserre, ce qui empêche la plaie de se recouvrir aussi bien que lorsque la coupe a été faite avec la serpette. On peut s'en servir pour démembrer de gros coursons, ou de la scie, sans approcher trop près de la branche-mère ou tronc, ayant soin de rafraichir ensuite la plaie avec la serpette. On peut s'en servir encore pour l'ébourgeonnement des pousses qui se trouvent aux extrémités des coursons. Règle générale, c'est un mauvais outil pour tailler proprement et sans compromettre les parties voisines de la coupe.

Troisième planche,

REPRÉSENTANT LA SECONDE POUSSE DE L'ARBRE TAILLÉ,

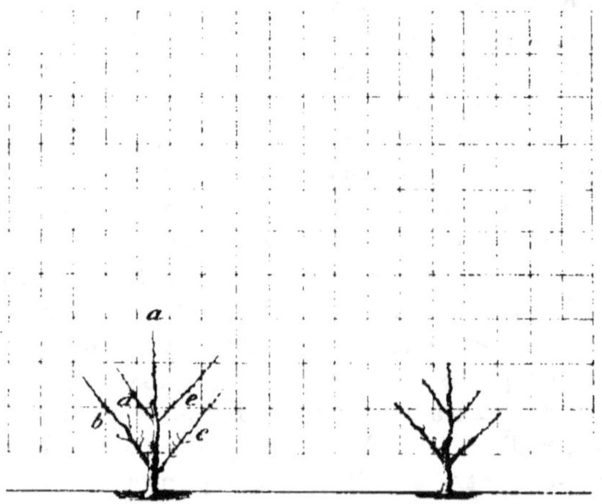

Cet arbre en pousse, figuré palissé, demande un peu de précaution pour bien arriver à le former, et cependant cela est très-simple.

Il s'agit seulement, dans les premiers âges, de bien appeler la sève dans toutes les parties en développement, et de les bien équilibrer. Pour y arriver, il faut ne laisser au palissage que les ramifications dont on a besoin, afin d'établir en tout point l'ensemble de l'arbre au fur et à mesure que les bourgeons se développent. Il est urgent de faire le pincement des pousses qui prennent trop de force pour en retarder la végétation, d'enlever à la serpette, au moment du palissage, qui doit se faire comme il a déjà été dit, vers la fin de mai et dans le courant de juin, les bourgeons qui ont pris trop de force, en ne les coupant pas trop près de la branche mère, pour conserver l'œil qui existe au talon et qui sert à faire un courson à l'avenir, afin que toute la sève se porte dans les branches mères a, b, c, d, e : il y a toujours assez de sève à cet âge, pour alimenter les coursons intérieurs de l'arbre.

Il est de première nécessité d'enlever au fur et à mesure toutes les ramifications qui se développent sur le devant, en inclinant tant soit peu la coupe, soit en dessus, soit en dessous; cela dépend de l'œil du talon que l'on veut protéger, pour faire un courson dont on pourrait avoir besoin.

Taille de ce même Arbre.

On commence par tailler l'intérieur de l'arbre, en coupant les quelques rameaux que l'on voit, à une distance de 5 à 6 centimètres pour les disposer à fruits.

Quoique je ne sois pas partisan de faire produire les arbres trop jeunes, et qu'à cet âge il y a encore fort peu de disposition fruitière; cependant, comme on aime à jouir de son travail et de son industrie, on tolère avec ménagement dans cette circonstance.

On coupe ensuite la flèche *a*, à l'œil au-dessus du treillage pour le prolongement de cette flèche, en ayant toujours soin qu'il y ait deux yeux au-dessous de l'œil terminal, et au-dessous même du courant du treillage, qui fassent autant que possible parallèle aux deux branches-mères de la dernière pousse, *d* et *c*. On commence par la flèche, parce que c'est ordinairement sa taille qui sert de base à celle des autres branches, pour former l'ensemble de l'arbre dans son jeune âge. On coupe les autres branches telles qu'elles sont figurées sur la planche, avec recommandation de ne pas couper trop près des yeux, et de ne pas les altérer, pour ne pas être obligé de revenir sur ses pas : c'est d'ailleurs ce que j'ai déjà mentionné.

Quatrième planche,

REPRÉSENTANT LA TROISIÈME POUSSE DE L'ARBRE TAILLÉ.

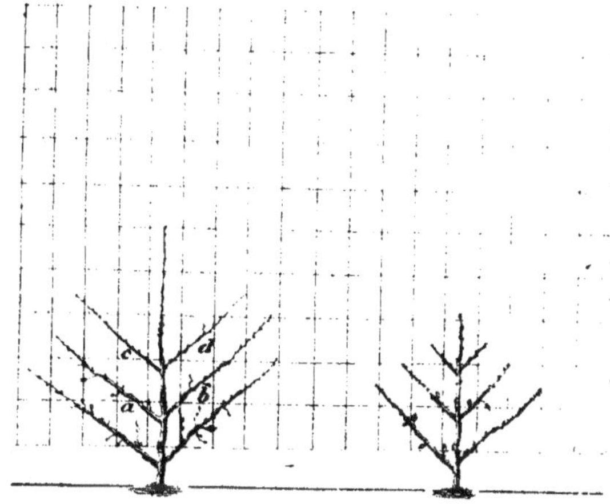

Cet arbre en pousse, comme on voit, n'est pas tout-à-fait le même que celui de la *planche III* ; mais il en diffère de très-peu de chose ; seulement, les branches-mères *a, b, c* et *d,* sont prises de la flèche, plus en face l'une de l'autre que sur l'arbre précédent, parce que les yeux y étaient placés. Tous les arbres que je possède ne varient que de cette petite différence, qui est peu sensible pour la grâce de la forme et pour la beauté. Quant à l'ensemble, il est tout-à-fait le même. A mesure que l'arbre prend de l'accroissement, les branches qui poussent dans l'intérieur avec plus de vigueur, ont besoin d'être surveillées plus attentivement, surtout dans les terrains fertiles, pour les empêcher de prendre trop d'accroissement. Il faut, par conséquent, faire les pincements nécessaires, comme je l'ai indiqué, à l'arbre en pousse, *planche III*. Le palissage des extrémités se fait toujours de la même manière.

De la Taille de ce même Arbre.

Cet arbre, comme on le voit, se taille de la même manière que celui de la *III* *planche,* en prolongeant les branches dans les mêmes proportions. On laisse en plus quelques petites brindilles et quelques cornes qui se disposent ordinairement à fruits l'année suivante. Il est inutile de donner d'autres détails, qui seraient d'ailleurs les mêmes que les précédents.

Cinquième planche,

REPRÉSENTANT LA QUATRIÈME POUSSE DE L'ARBRE TAILLÉ.

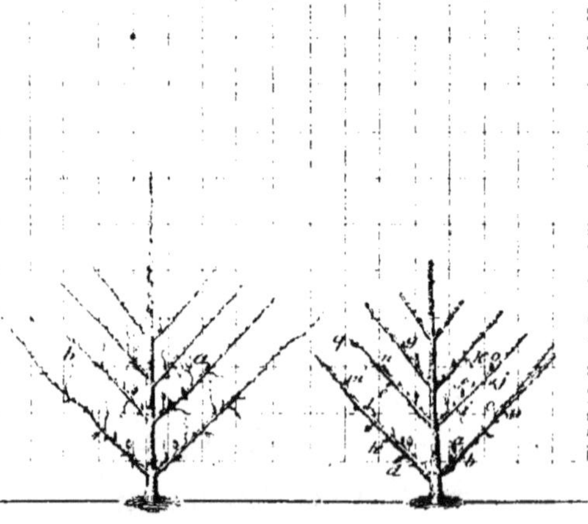

L'arbre, à cet âge, a besoin de pincements suivis ; c'est ce qui doit se faire autant de fois que l'on voit des rameaux prendre trop de longueur et trop de force ; quelques-uns même ont besoin d'être coupés auprès de la branche-mère, surtout ceux de devant, pour empêcher la sève de s'y porter trop abondamment; par ce moyen, on dispose la sève à passer au profit des plus faibles. — A l'endroit où les pincements ont été faits, il sort presque toujours une bifurcation comme on le voit à la branche *a* : la sève n'ayant plus l'extrémité du rameau pour s'y porter, se dirige par conséquent, vers les yeux au-dessous du pincement, et excite le développement de plusieurs ramifications, comme il vient d'être dit. Quand elles ont une longueur de 5 à 6 centimètres, on les pince de nouveau pour amuser la sève; car de tous les rameaux dont les pincements ont été opérés, il en est résulté les effets que je viens d'expliquer.

On voit au rameau *b*, qu'il ne s'est pas développé comme les autres; qu'il n'a pas fait une nouvelle pousse, parce qu'il s'y est formé à l'extrémité un bouton à fruit : ce qui arrive assez fréquemment à beaucoup de variétés. — Quant aux boutons à fruits, l'amateur ne doit pas être étonné s'ils sont figurés peut-être un peu gros; les arbres n'ayant été dessinés qu'aux mois de mars et avril, à cette époque, les boutons sont prêts à s'épanouir. — Je donnerai les moyens, à l'arbre figuré en pousse, planche suivante, de parvenir d'une manière positive à obtenir, par des boutons à fruit, le prolongement de la branche-mère.

De la Taille de ce même Arbre.

Combien il est simple et facile de faire la taille quand les pincements, l'ébourgeonnement et le palissage ont été bien suivis! On a seulement la taille des branches-mères à tenir dans la même proportion que celle de la flèche, pour que l'arbre ait toujours une forme régulière, ce qui, indépendamment, facilite la sève à se porter dans toutes les branches. Sitôt qu'on aperçoit qu'un courson prend trop de grosseur et de longueur, on l'enlève à la serpette, sans attaquer la branche-mère; il sort à la place, la même année ou l'année suivante, un rameau; et par ce moyen on a toujours des arbres bien coursonnés. Les coursons que l'on voit un peu longs et suivis de grosseurs *a*, *b*, *c*, *d*, *e*, *f* et *g*, ne proviennent pas de ceux des pousses; ils résultent de ceux qui ont rapporté des fruits à la dernière récolte : ces coursons s'appellent *bourses*. Il y a à chaque bourse de petits yeux latents qui se développent dans le cours de l'année, et tournent ordinairement à fruit. Les quelques petites brindilles *h, i, j* et *k*, les petites cornes *l, m, n, q* et *p*, et quelques autres rameaux qui ne sont pas désignés, sont infaillibles pour tourner à fruit : il faut les utiliser quand les arbres sont jeunes et vigoureux.

Sixième planche,

REPRÉSENTANT LA CINQUIÈME POUSSE DE L'ARBRE TAILLÉ.

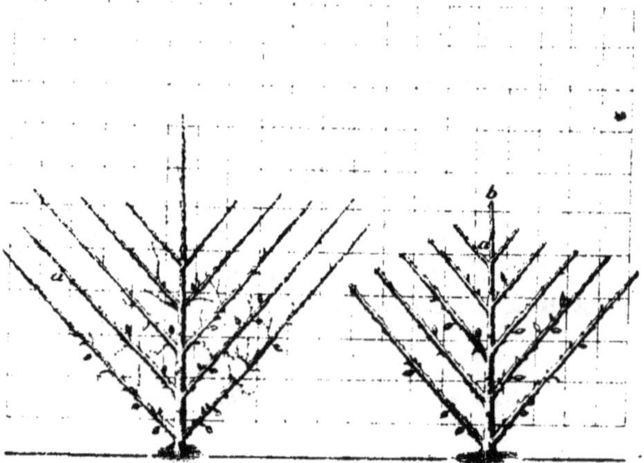

Je ne peux répéter que très-succinctement la taille de cet arbre. L'ébourgeonnement en vert et les pincements ont été faits comme les précédents que j'ai démontrés.

Quant au bouton à fruit 9, à l'arbre taillé, *planche V,* voici les moyens à employer pour arriver à faire développer un rameau du bouton *a.* On laisse fleurir le bouton; comme il est très-rare que dans le rameau de fleurs il ne paraisse pas un petit bourgeon, sitôt qu'on l'aperçoit, on en coupe seulement une partie, afin de ne pas intercepter entièrement le cours de la sève qui se porte à cette extrémité. Quand on voit que le petit bourgeon qui est dans ce rameau de fleurs prend de l'accroissement, on coupe le reste du rameau; la sève par conséquent, qui a pris son cours dans cet endroit, continue à s'y introduire au profit du bourgeon, et on est certain, par cette opération, d'avoir une branche de prolongement comme il est figuré à la branche *a*. Faute d'employer ce moyen, le rameau rapporte son fruit et reste ordinairement sans pousser ; c'est à quoi il faut bien veiller, pour obtenir l'équilibre des arbres. Quand une branche-mère perd de l'envergure dans les proportions des autres, soit par suite des boutons à fruit, comme je viens de le dire, ou par toute autre cause, aussitôt qu'elle a poussé de 30 à 35 centimètres, on l'attache seulement auprès de la naissance de la pousse pour dresser la courbe, ensuite on la laisse pousser à volonté. Par ce moyen, on remet la branche dans le même équilibre que les autres. J'ai toujours procédé ainsi et j'ai obtenu les résultats les plus satisfaisants. Il ne sera pas plus difficile d'agir par les mêmes moyens et avec les mêmes principes que ceux que j'expose ici.

De la Taille de ce même Arbre.

Cet arbre prend de l'accroissement, toujours dans les mêmes proportions. Je ne suis pas partisan d'élever les arbres trop promptement ; je ne le conseille pas aux propriétaires : il faut toujours ménager l'arbre dans son jeune âge pour bien le former. Il n'en est pas de même pour les personnes qui ont intérêt à faire des arbres en beaucoup moins de temps, afin d'accélérer la production pour la vente.

On pourrait obtenir quatre branches-mères au lieu de deux, en prolongeant la flèche à 50 centimètres comme elle est figurée sur cet arbre. Voici quels en seraient les résultats : les yeux qui se développent ordinairement à une distance de 50 centimètres, sont très-éloignés les uns des autres, ce qui arrive toujours quand la branche a une grande végétation ; cela donnerait une disproportion aux deux branches-mères du haut qui ne seraient plus en rapport avec l'ensemble de l'arbre. Un autre inconvénient : depuis la dernière taille *a*, jusqu'à la taille de l'extrémité, le canal de la sève serait alors libre, parce qu'il n'y aurait pas eu de taille, celle-ci se porterait ainsi plus abondamment dans les branches supérieures, malgré tous les soins que pourrait y porter l'Horticulteur. On peut parvenir à avoir quatre branches-mères la même année, sur des arbres très-vigoureux. Pour les obtenir, il faut tailler comme à l'ordinaire, ainsi qu'il est indiqué au *b*. Quand la jeune pousse est arrivée au treillage à la distance où elle est coupée par un trait, on la pince et on obtient les rameaux qui sont plus rapprochés les uns des autres de la flèche. La sève, par ce moyen, s'arrête au pincement qui forme la taille. On peut ainsi équilibrer les quatre branches-mères dans les mêmes proportions. Le point essentiel, c'est que les branches-mères suivent à mesure la flèche, si l'on veut que l'arbre ait toute la forme désirable d'équilibre. Il faut, en règle générale, quand la flèche atteint le sommet du mur, que les mères branches inférieures arrivent à leur distance d'envergure.

Quand les arbres se rejoignent et qu'il y a espérance de vigueur, il faut en redresser un entre pour faire place à l'autre, comme il est figuré à la planche ci-après ; alors on incline les branches de l'un d'eux presque horizontalement. Comme les branches du bas ont 2 mètres 50 centimètres de longueur, et que les arbres sont plantés à 4 mètres l'un de l'autre, il restera donc 1 mètre 50 centimètres de chaque côté à parcourir. Par ce moyen, l'arbre redressé ayant 4 mètres d'envergure par le haut, il restera à celui disposé horizontalement, aussi 1 mètre 50 centimètres à parcourir par le haut ; en prolongeant les branches-mères dans les mêmes proportions, on arrivera à un parfait résultat.

Je crois inutile de figurer des arbres de cette forme au-dessus de cet âge ; je pense que la démonstration qui précède pourra en faire comprendre tous les avantages.

Je vais passer à des arbres faits de cette même forme.

Septième planche,

REPRÉSENTANT DES ARBRES FAITS.

Les trois arbres figurés sur la planche ci-contre ont vingt ans de plantation ; ils sont à 4 mètres l'un de l'autre et remplissent entièrement le mur. Ceux qui sont disposés horizontalement ont 7 mètres 50 centimètres d'envergure par le bas et 4 mètres par le haut, comme celui qui est redressé à 4 mètres. On voit par ce moyen que l'on a de beaux arbres, quoique plantés à 4 mètres, pouvant rapporter beaucoup et de beaux fruits.

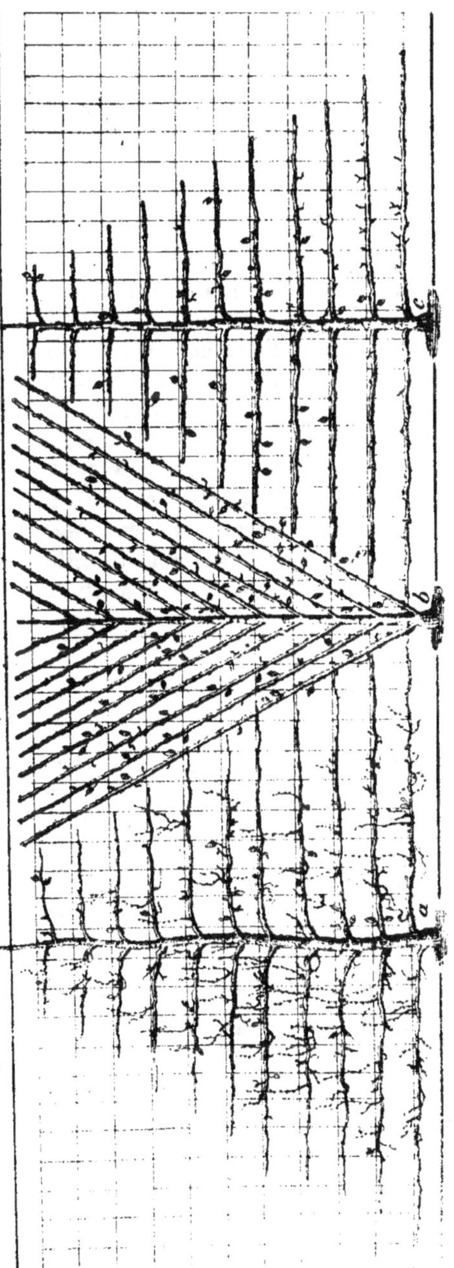

Si, dans les terrains riches où les arbres poussent jusqu'à cinquante à soixante ans et plus, l'espace que j'ai indiqué, pour la plantation, est trop rapproché à **4** mètres, on a l'avantage de lever celui redressé pour le replanter ailleurs.

Voici la manière de disposer ces arbres. — Quand ils ont huit ou dix ans, qu'ils commencent à se joindre, on en incline un horizontalement et l'autre on le redresse presque verticalement, de manière que tous les murs se trouvent entièrement garnis. Il est toujours facile de faire prendre aux arbres telle direction qu'on juge à propos, quand ils sont bien dirigés dès leur jeunesse.

Les pincements et les palissages ont été faits comme je l'ai expliqué aux planches précédentes. Lorsque les arbres arrivent à un âge un peu avancé, on laisse sur la tige principale quelques petits coursons, quand ils se présentent; aussitôt que ceux-ci prennent de l'accroissement, on les supprime avec la serpette, parce qu'ils deviendraient des sangsues et prendraient une quantité de sève au détriment des branches-mères.

Quant à l'ébourgeonnement, on doit toujours le faire à plusieurs reprises pour ne pas arrêter la sève, ce qui tournerait au préjudice des fruits : il faut commencer à le faire quand la sève commence à modérer. C'est ordinairement vers le quinze août qu'on doit commencer cette opération dans les localités où les arbres poussent vigoureusement. On coupe, à ce moment, environ la moitié des rameaux les plus forts, et l'autre moitié vers la fin du même mois. Voici en quoi consiste l'ébourgeonnement : il dépend de la végétation des arbres et des espèces de fruits. Dans les endroits où la végétation se fait plus tôt, et doit finir par conséquent plus tôt aussi, on peut ébourgeonner, en juillet ; mais sur conseil définitif, qu'on se donne bien de garde d'ébourgeonner quand l'arbre est en pleine végétation ; on risquerait à faire débourrer les boutons qui se disposent à fruit et on perdrait la récolte à venir. Beaucoup de propriétaires sont venus se plaindre des faux conseils de ce genre ; on leur avait dit qu'il fallait tenir à la propreté de l'arbre ; ils ont commis cette inconséquence une fois, ils l'ont trouvée préjudiciable aux produits et n'ont pas continué.

De la manière de faire l'Ébourgeonnement en général.

On commence par couper à la serpette tous les plus forts rameaux qui sont ordinairement dépouillés de feuilles par le bas, auprès de la branche-mère, en ayant soin que la coupe soit faite de manière à ménager l'œil qui serait disposé à devenir un courson, soit sur le dessus de la branche-mère ou sur le dessous. Si l'on taillait ces forts rameaux à 1 ou 2 centimètres de longueur, les yeux du haut de la taille se développeraient et formeraient des gros coursons élevés, tendant toujours à prendre beaucoup de force. On serait obligé, au bout de quelques années, de les rapprocher, et l'on n'a pas, en rapprochant ces vieux coursons, le même avantage que quand les branches sont jeunes pour arriver à un bon développement de nouveaux coursons.

Ce travail doit se faire dans les premiers jours d'août pour les arbres vigoureux, afin que l'œil, qu'on a disposé pour faire à l'avenir un courson, prenne un peu de végétation ; ce qui ne manque jamais parce que la sève s'y porte abondamment, et que l'on est presque certain d'obtenir celui dont on a besoin.

Quant à toutes les autres ramifications intérieures, travail qui peut se faire vers le 15 ou 20 août, un peu plus tôt quand les arbres sont chargés de fruits, on les coupe à 1 centimètre ou 2 : c'est ordinairement à deux ou trois feuilles, quelquefois quatre. Si l'année avant, on avait laissé quelques petites cornes ou brindilles qui aient fait une pousse au lieu de s'être formées en boutons, on les couperait à une, deux, trois ou quatre feuilles du vieux bois, pour les disposer de nouveau à fruits.

Cette dernière opération, dont je viens de parler, peut se faire au sécateur.

Il faut toujours conserver la flèche de l'arbre pour appeler la sève ; sans ce moyen les deux branches terminales prendraient trop de force. C'est à l'horticulteur à prévenir l'inconvénient. Quand l'arbre est vigoureux, il faut laisser prendre à la flèche beaucoup de sève ; quand il ne l'est pas, il faut faire les pincements réitérés à la flèche pour que la sève se répartisse dans l'intérieur de l'arbre : par ce motif il n'y a pas à craindre que les deux branches-mères prennent trop de force. Il m'est arrivé de vouloir terminer un arbre en supprimant la flèche. Les deux branches terminales ayant pris trop de force, en comparaison des inférieures, j'ai été obligé de les rabattre au-dessous de leur base pour obtenir une nouvelle flèche, afin d'équilibrer la sève dans les nouvelles ramifications terminales. Ainsi donc, il faut, autant que possible, conserver la flèche dans tous les arbres, quelle que soit leur forme, où il y a une flèche.

L'arbre indiqué *c*, est absolument le même que celui désigné *a*. On voit avec quelle simplicité la taille se fait ; on voit aussi qu'on a eu le soin de laisser des bourses, à moins qu'elles n'aient pris trop de force ; dans ce cas on doit les supprimer. On a laissé aussi quelques petites cornes et brindilles, de manière à avoir tous les ans du fruit sans altérer l'arbre. Il arrive souvent qu'il faut enlever des rameaux à fleurs quand il y en a trop, pour qu'ils ne tournent pas au détriment du résultat de l'année suivante. On voit jusqu'à quel point il est facile d'obtenir des fruits ; cependant il y a des espèces et variétés, sur certains sujets, sur lesquelles il n'est pas facile d'en obtenir. On y parvient en laissant de la brindille en quantité que l'on attache sur les branches-mères avec de petits osiers, ou en faisant incliner en contre-haut celles qui ne pourraient s'y attacher. Quand il ne s'en développe pas suffisamment, on a recours aux branches coursonnes que l'on taille à 15 ou 20 c. Après que les fruits sont cueillis, on supprime les brindilles afin de ne pas altérer le courson. Si l'arbre continue à être infertile, on réitère ce travail d'année en année jusqu'à ce qu'il se dispose naturellement à fruits. Ce moyen est infaillible pour disposer l'arbre à la fertilité.

Il a été dit plus haut jusqu'à quel point il était facile d'obtenir des fruits; cependant on est quelquefois exposé à des mécomptes, surtout lorsque la sève abandonne l'arbre dans le courant de juillet et d'août, comme cela est arrivé dans nos contrées en 1847. Vers cette époque, il s'est répandu une nielle, sur les feuilles des arbres, qui a presque entièrement arrêté la végétation; une grande partie des feuilles se sont desséchées, et la sève a abandonné les boutons qui se disposaient à fruits. — Je pourrais même confirmer que c'est la cause qui a occasionné, en grande partie, le manque de fruits en 1848.

L'arbre indiqué *b*, pour cette forme redressée, exige que l'on réitère les pincements vers les extrémités des rameaux. Sans cette précaution, la sève se portant plus à l'extrémité que dans l'intérieur de l'arbre, causerait préjudice à la végétation de la partie inférieure. On penserait peut-être que l'arbre, étant redressé, tournerait moins à fruît; je déclare que je ne trouve aucune différence : je récolte autant de fruits sur mes arbres verticaux que sur les horizontaux. L'Horticulteur ne doit pas s'épouvanter du travail de l'arbre régulièrement suivi; au contraire, il est beaucoup plus facile à conduire, complique moins le travail et donne enfin plus de satisfaction lorsqu'on s'en occupe avec attention.

Je désirerais que tous les Horticulteurs s'attachassent seulement aux formes les plus simples, c'est-à-dire à celles dont toutes les branches-mères sortent de la tige ou des tiges, s'il y en a plusieurs; à ne jamais former les branches-mères à l'aide de bifurcations ou ramifications, ce qui est désagréable à l'œil : la répartition de la sève ne se fait pas avec autant de régularité que dans celles qui sortent immédiatement de la tige ou des tiges principales, comme je viens de le dire.

Il y a des horticulteurs qui disent: un peu mieux ou un peu moins bien, on récolte également du fruit. Il est vrai; mais quand les arbres sont bien tenus, les branches bien équilibrées, les coursons bien rapprochés de la branche-mère, on récolte toujours de plus beaux fruits, ce qui fait un avantage considérable pour la vente et pour l'agrément du consommateur. Tout le monde sait ou doit savoir qu'un bon fruit en vaut quatre inférieurs. L'arbre, étant bien dirigé, peut durer, dans de bons terrains, quarante, cinquante, soixante ans et plus; et lorsque la charpente est bien établie, il est toujours admirable. Jusqu'à ce moment, le poirier a été l'arbre le plus difficile à former aux yeux de presque tous les Horticulteurs. Eh bien! que l'on suive les principes que je trace, on ne manquera pas d'arriver à la perfection.

Huitième planche,

REPRÉSENTANT QUATRE ARBRES DISPOSÉS A DOUBLES PALMETTES RENVERSÉES.

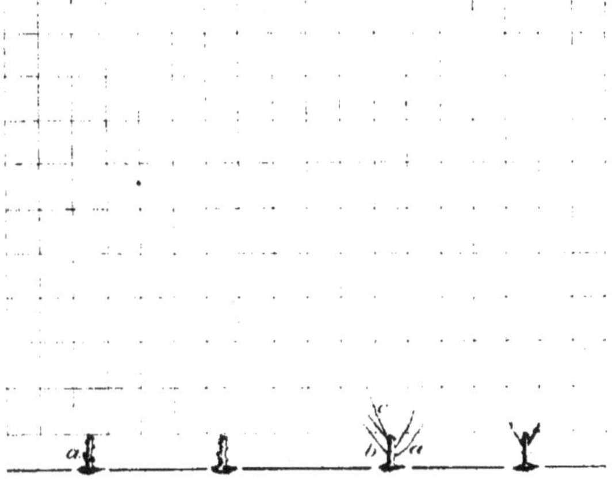

Le premier désigné *a*, est un arbre, essence de poirier, sortant de la pépinière.

Cet arbre quenouille était sans branches par le bas comme on le voit. Il n'en est pas moins bon que celui de la planche première qui est rameux inférieurement. Le point essentiel, c'est qu'il ait de bons yeux. On le rabat à 16 centimètres, pour obtenir les deux premières branches, et de manière que celles-ci soient un peu au-dessous du treillage, tel qu'on le voit figuré.

De la Taille du même Arbre.

Il n'y a pas de taille à faire, puisqu'il n'a aucune branche.

De la première pousse de ce même Arbre.

Quoique cet arbre ait été privé de branches inférieures, les yeux ne se sont pas moins développés, comme on le voit. En profitant des yeux, lorsqu'ils sont bons, on en retire les mêmes avantages.

De la Taille de ce même Arbre.

On fait disparaitre les trois branches *a*, *b* et *c*, comme je l'ai déjà dit, de manière à ne pas enticher le tronc. On coupe ensuite les deux branches à environ 8 centimètres du tronc, pour que l'œil supérieur terminal soit en dessous et donne la branche-mère. On l'incline ensuite un peu sur la partie inverse du milieu de l'arbre, et de façon que l'œil le plus bas soit au-dessous, pour obtenir la branche de prolongement; il en est de même pour celle de l'autre côté en l'inclinant dans le sens opposé.

Neuvième planche,

REPRÉSENTANT L'ARBRE *b* QUI PRÉCÈDE, MAIS TAILLÉ.

On aperçoit la forme que cet arbre représente; il faut déjà avoir soin de palisser les jeunes pousses en leur faisant prendre la forme qu'elles doivent avoir, comme on le voit figuré sur la planche. Ce sont toujours les premières branches qui servent de guide pour les autres, quand elles sont bien préparées; c'est pour cela qu'il ne faut rien négliger afin d'y parvenir.

Je n'estime pas moins cette forme d'arbre que la palmette simple, parce que la sève se porte très-abondamment dans les branches-mères au moyen de leur disposition, les unes et les autres étant bien constituées : ce que j'expliquerai à la *planche XII*e.

De la Taille de ce même Arbre.

On taille les branches-mères du dessous, *a* et *b,* de 27 centimètres, c'est-à-dire, d'un carreau de treillage à l'autre. Il doit être pris une branche à chaque carreau, comme on le verra à d'autres planches, pour qu'elles puissent être attachées au treillage; on la courbe un peu pour faciliter l'inclinaison quand elle aura poussé : c'est ce qui fonde la dénomination de double palmette renversée. Si par une cause quelconque on ne pouvait l'attacher convenablement, on aurait recours, comme je l'ai déjà dit, à de petits brins postiches ou à des osiers, pour maintenir et diriger la ramification. On taille ensuite les deux branches de prolongement de manière que les yeux terminaux soient toujours disposés du côté opposé, au centre de l'arbre, afin de former les branches-mères. L'œil au-dessous faisant face au milieu de l'arbre, produira, comme on le voit, la branche de prolongement; la sève se porte naturellement à l'œil terminal devant fournir la branche-mère, qui prendra rapidement beaucoup de force.

Dixième planche,

REPRÉSENTANT L'ARBRE EN POUSSE DE LA TROISIÈME ANNÉE DE TAILLE.

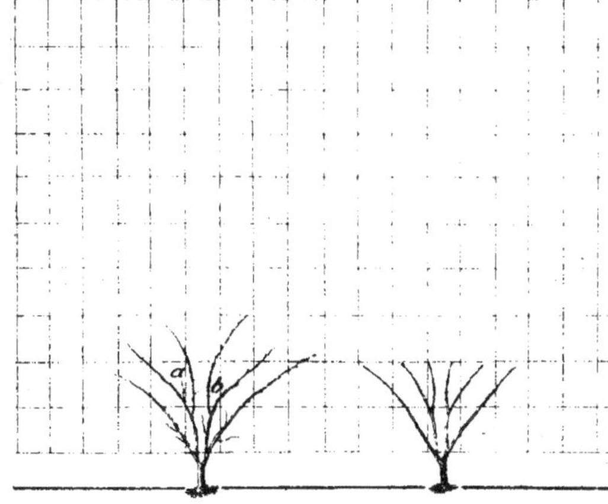

L'arbre se dispose déjà à être agréable à la vue.

Il faut commencer, dès cet âge, à pratiquer quelques pincements aux rameaux inférieurs, pour faire passer toute la sève au profit des branches-mères.

Le palissage, comme on le voit, se fait de la même manière que sur les palmettes simples. Les branches qui avaient pris trop de force, *a* et *b*, ont été coupées vers la fin de juin, afin de diriger la sève entièrement dans les branches-mères.

De la Taille de ce même Arbre.

La manière de le tailler est la même que celle qui précède. Il est toujours urgent de disposer les branches le plus uniformément possible; on arrive alors à avoir satisfaction entière de son travail.

Onzième planche,

REPRÉSENTANT L'ARBRE EN POUSSE DE LA QUATRIÈME ANNÉE DE TAILLE.

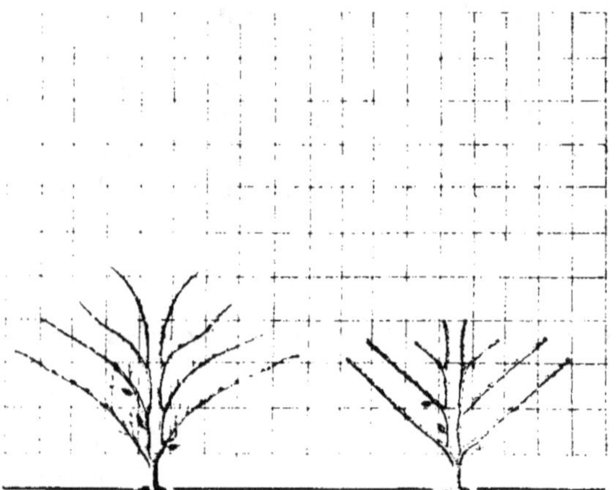

L'Horticulteur devra voir jusqu'à quel point les arbres se traitent avec facilité, s'aidant de son intelligence, habitué comme il l'est à observer la nature. Avec un peu d'aptitude pour un travail aussi simple, tout homme peut diriger des arbres et connaitre ce qu'il aura à faire pour y parvenir.

Cet arbre ne diffère de la palmette simple que par la forme et la manière d'obtenir les branches. Quant au reste, tels que pincements, palissage et ébourgeonnement, tout se traite de la même manière que cela a lieu pour les arbres précédents.

De la Taille de ce même Arbre.

On opère, pour tailler les branches, comme à l'ordinaire; on dispose les branches-mères aussi régulièrement que possible. La taille inférieure doit se faire dans les mêmes principes. Les branches de prolongement ou flèches, se traitent de la même manière. Le cambrement des branches se forme toutes les fois qu'il y a urgence, à l'aide de petits osiers. Le point essentiel, pour obtenir les branches-mères et les branches de prolongement, c'est de choisir les yeux qui sont placés à une distance relative, afin que ces branches partent toutes bien régulièrement. Quelquefois il se présente des obstacles, soit dans les branches de prolongements, soit dans les branches-mères; dans ce cas, il est préférable d'attendre à l'année suivante : on évite par ce retard motivé de porter préjudice à la forme et à l'ensemble de l'arbre.

Je vais passer maintenant à la *XIIᵉ planche* pour démontrer les arbres faits, car on peut continuer le prolongement de ces arbres par les moyens indiqués; on pourrait même faire des arbres de telle hauteur qu'on le jugerait nécessaire, comme je vais en parler à la planche suivante.

Douzième planche,

REPRÉSENTANT DES ARBRES FAITS A DOUBLES PALMETTES RENVERSÉES.

J'ai dit à la *VIIᵉ planche* des arbres en palmettes simples, qu'il était toujours facile de faire prendre aux arbres toutes les directions que l'on jugerait à propos, quand ils avaient été bien dirigés dans leur jeunesse; on se rend compte combien cette forme est simple et les arbres faciles à conduire, par toutes les branches-mères partant séparément des tiges ou branches principales, et n'ayant, par conséquent, aucune bifurcation ou ramification, qui soit préjudiciable à l'une et à l'autre des branches-mères et même à la symétrie de l'arbre. On voit avec quel succès les branches-mères prennent de la force à leur naissance près des tiges principales ou même dans toute leur longueur, la sève tendant toujours à s'y porter : moyen indiqué à l'arbre taillé, *IXᵉ planche*.

Des Horticulteurs dirigent des arbres en forme d'U, ayant à peu près la même disposition, les tiges montant droit, les branches-mères étant

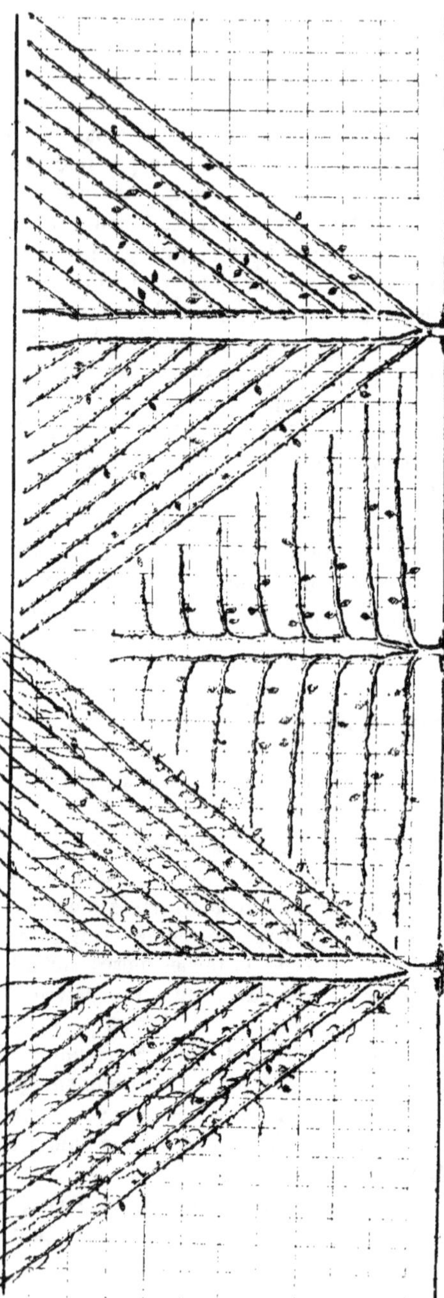

prises sur les côtés de chaque tige, comme la palmette simple. Ce moyen ne peut remplir le but désirable; car pour faire arriver la sève dans les branches-mères, il est évident que les tiges étant droites, la sève montant avec rapidité à l'extrémité, doit causer un préjudice imminent aux branches-mères qui tirées des côtés, ne doivent pas obtenir autant de sève et de force que celles qui sont prises aux extrémités où la sève ne peut pas s'arrêter comme cela a lieu sur celles qui sont figurées sur cette planche.

Je recommande expressément de faire une recherche générale sur tous les arbres, disposés en palmettes, pyramides, etc., au commencement de la pousse. Ce travail est de la plus grande urgence. Souvent il se trouve que l'on ne veut pas rabattre un cours on quand on taille, dans la crainte qu'il ne reperce pas; au moment de la pousse, il se développe souvent de petits bourgeons dans le cours du courson, souvent même au talon ; on profite de cette circonstance pour le rabattre jusqu'à l'endroit où s'est développé ce petit bourgeon. Par ce moyen, on parvient à renouveler et à rabattre les vieux coursons et à obtenir qu'il n'y ait pas de vide sur l'étendue des branches-mères. On a ensuite à parcourir les rameaux des fleurs qui sont aux extrémités des branches-mères (cela s'opère quand l'arbre n'est pas fait) ; on coupe les rameaux de fleurs en ménageant le petit bourgeon naissant, comme je l'ai indiqué à la *planche V*, pour obtenir le prolongement des branches-mères.

On profite aussi de cette taille en vert pour faire les premiers pincements aux bourgeons qui se développent avec force, surtout à l'extrémité des branches où il pousse presque toujours trois ou quatre bourgeons. On les pince à 4 ou 5 centimètres pour faciliter celui de l'extrémité et continuer la branche de prolongement, afin que la sève se répartisse dans l'intérieur de l'arbre. Sans ce travail, une grande partie de la sève se porterait aux extrémités. Au bout de huit ou quinze jours, cela dépend de la végétation, on répète les autres pincements sur les bourgeons les plus vigoureux ; ensuite on laisse pousser l'ensemble de l'arbre sans le tourmenter, pour qu'il fasse une bonne végétation, car c'est à ce moment que les dispotions fruitières se forment.

Quant aux extrémités des deux tiges principales, qui sont le gouvernail de l'arbre pour les branches-mères voisines, afin qu'elles ne grossissent pas trop vite, on aura soin de ne laisser qu'une seule pousse à chaque extrémité des branches pour que la sève ne s'y porte pas trop abondamment, ce qui causerait un préjudice à la végétation de l'intérieur de l'arbre. — Il est inutile de répéter ce qui a été dit sur l'attache des extrémités, ainsi que sur tout ce qui concerne l'ébourgeonnement : on peut se reporter à la *VII*e *planche* des arbres faits en palmettes simples, elle est pour ce travail absolument a même chose.

De la Taille de ce même Arbre.

J'engagerai seulement l'Horticulteur à examiner comment la taille a été opérée. Il est facile d'en apprécier les résultats, toujours avec les mêmes soins et les mêmes principes. Il ne faut laisser de branches sur le devant que le moins possible, parce qu'elles sont toujours disposées à s'accroître. Cependant, dans les pousses de la dernière année, quand les arbres ont un certain âge, il sort souvent de certaines cornes sur le devant. Comme ces petites cornes sont ordinairement disposées à devenir fruitières, on les laisse pour rapporter; l'année suivante on les supprime. Comme il arrive aussi que dans toute la longueur des tiges il perce de petits rameaux qui fournissent à l'avenir des coursons, lorsqu'on voit qu'ils prennent trop de force, on les fait disparaître; sans ce moyen, ils porteraient un grand préjudice par la sève qui s'y porterait abondamment au détriment des branches-mères, et leur enlèvement, ensuite, occasionnerait des plaies énormes aux tiges.

Quant à l'arbre du milieu de la planche, on a laissé ses branches presque horizontales pour remplir le vide. Par ce moyen, il n'y a aucune place qui ne soit garnie. Ne perdons pas de vue, surtout, que cet arbre a sur le terrain 8 mètres d'envergure par le bas et 4 par le haut; s'il n'est pas figuré dans toute sa longueur, c'est pour éviter le volume du format de la planche.

Treizième planche.

LA PREMIÈRE FIGURE REPRÉSENTE UN ARBRE DE DIX ANS, ESSENCE DE POIRIER.

Les branches sont prises à la forme carrée, à l'exception, seulement, des branches-mères des côtés qui se prolongent jusqu'au sommet du mur, pour ne pas les laisser se confondre avec l'arbre qui serait à côté. Ce moyen s'emploie quand les murs ne sont pas suffisamment élevés.

Je crois inutile de figurer des arbres de cette forme dans leur premier âge. Je me borne à en faire une description aussi claire que possible : cet arbre tient place dans nos espaliers à différents endroits; il produit un bel effet.

Avant d'en faire la description, et aussi avant qu'il soit dessiné, j'ai commencé par tailler l'intérieur, comme j'ai opéré sur les palmettes simples et autres. J'ai seulement laissé les extrémités de chaque branche pour en démontrer plus facilement la taille.

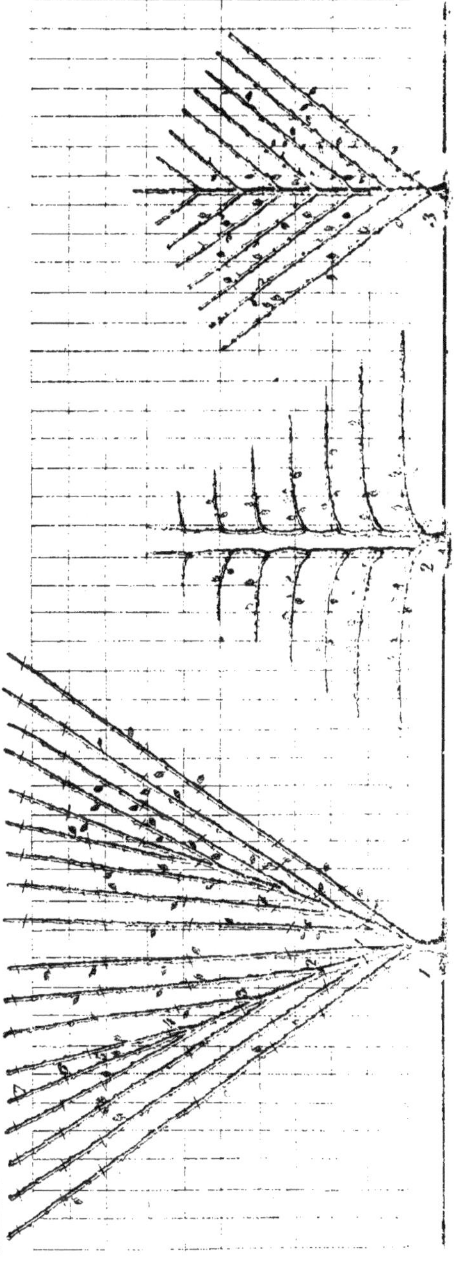

On rabat la jeune quenouille sortant de la pépinière à la même hauteur que les palmettes simples, c'est-à-dire à 22 centimètres au-dessus de la greffe, pour obtenir quatre branches, dont deux de chaque côté. Quelquefois on ne réussit pas la première année, quand l'arbre a mal végété; dans ce cas, on a recours à la seconde pour y parvenir. Voici le moyen qu'on doit employer, aussitôt que l'arbre a poussé deux jeunes branches bien disposées, une de chaque côté, on les pince à 3 ou 6 centimètres; on obtient par ce moyen plusieurs branches de chaque côté que l'on restreint seulement à deux, les deux de dessus devront servir à faire les branches principales, et les deux de dessous les branches-mères. A la taille suivante on coupe les branches *a*, *b*, *c* et *d*, de 22 à 24 centimètres, comme elles sont indiquées par de petits traits qui figurent les années de taille. Après la pousse de la seconde année, on taille les branches principales à environ 22 centimètres, de ma-manière à laisser un œil de chaque côté qui doit servir à obtenir un rameau pour former la seconde branche sous-mère. On taille également ces branches sous-mères à la même hauteur que celles des branches principales dont les coupes sont cotées nº 2, deuxième taille. Il en sera de même d'année en année. Il faut avoir bien soin de pincer et de réitérer les pincements des ramifications de l'intérieur de l'arbre dont on ne doit se servir qu'après que les branches sous-mères sont entièrement faites. Sans cette précaution les branches du milieu, qui tendent toujours à emporter la sève des branches sous-mères, causeraient un préjudice considérable à leur développement. On peut ainsi prolonger l'arbre autant qu'on le juge convenable et selon la hauteur du mur, en ajoutant des branches sous-mères, que l'on prend successivement et de la même manière que celles qui existent. Il faut toujours avoir autant de branches, même dans l'intérieur de l'arbre, c'est-à-dire à partir des deux branches principales, qu'à l'extérieur; on obtient par ce moyen un arbre admirable et bien symétrique.

De la prise des branches intérieures de l'arbre.

Les branches de l'intérieur doivent être tirées des branches principales, au-dessus des inférieures, pour que la sève se porte en premier lieu dans les branches sous-mères inférieures, qui prennent ordinairement moins de force que celles de l'intérieur : il en sera de même des autres.

On voit que l'on a été sept ans à obtenir les branches principales, par conséquent aussi sept ans à obtenir les branches-mères de droite et de gauche. C'est à ce point que j'ai commencé à prendre les branches-mères de l'intérieur, dont chaque taille sera également marquée par un trait.

La sève ayant été amusée pendant sept ans, elle s'est portée très-abondamment dans les branches, ce qui a occasionné des pousses de plus d'un mètre. Il n'y a pas d'inconvénients à faire la taille de 80 à 85 centimètres, en ayant soin, surtout dès le commencement de la pousse, et aussitôt que les petits bourgeons ont 5 à 6 centimètres, de les pincer, pour refouler la sève dans le bas des branches : sans cette précaution, les yeux resteraient sans se développer, et il serait quelquefois difficile de les obtenir sans avoir recours à des incisions, tandis qu'on peut les éviter. Quant aux bourgeons terminaux des branches, on peut se dispenser de les pincer par rapport au prolongement des branches-mères. Si elles prennent trop de force, on doit également les pincer, mais à une distance de 12 à 15 centimètres, et aussitôt qu'à ces branches, au moyen du pincement, il se forme plusieurs rameaux, comme cela arrive ordinairement, on les pince de nouveau en n'en laissant qu'un à chacune, que l'on repince plus tard s'il en est besoin.

La deuxième taille est faite environ à la même distance que la première, par sa grande végétation; il faut par conséquent employer les mêmes moyens, tant pour les pincements que pour ce qu'il y a à pratiquer sur le reste : il en est de même des autres années de taille.

On voit que l'intérieur de l'arbre a été rempli en quatre ans, qu'il a fallu sept ans pour faire les branches principales et les branches-mères, ce qui le conduit à onze ans de plantation comme je l'ai indiqué. Il ne faut, comme on voit, pas plus de temps pour obtenir un arbre de cette forme que pour toutes les autres formes. Je n'ai pas besoin de dire ce qu'il y a à faire pour la taille à venir. Ce sont toujours les mêmes moyens à employer que pour tout autre arbre figuré dans cet ouvrage, tels que poiriers en palmettes et autres.

Le deuxième arbre indiqué 2, est comme l'on voit une double palmette renversée : il est représenté à l'âge de huit ans. Quand ces arbres commencent à prendre de l'envergure et qu'ils se touchent presque, il faut en incliner un entre, horizontalement, pour lui faire prendre place sous les autres qui ont les branches presque verticales.

Le premier, n° 1, de cette planche, dont je viens de faire la description, tient rang comme celui presque vertical n° 3; par ce moyen les murs deviennent entièrement garnis sans aucun vide.

Je répète à l'Horticulteur, comme je l'ai dit à la *septième planche*, d'après l'expérience et les soins que j'ai apportés à cette belle culture, qu'il vaut mieux s'appliquer à adopter les formes les plus simples. On éviterait, par ce moyen, d'avoir des arbres avec des bifurcations dont les branches qui en sortent sont vicieuses et désagréables à l'œil, tant par la forme que par la grosseur de l'empâtement; ce qui porte un préjudice considérable aux branches voisines de la bifurcation, parce que la sève s'y porte abondamment, et n'est par conséquent pas répartie dans toutes les branches avec proportion : ce qui rend l'arbre imparfait.

Quatorzième planche,

REPRÉSENTANT QUATRE JEUNES ARBRES, ESSENCE POIRIER, DISPOSÉS POUR LA FORME PYRAMIDALE.

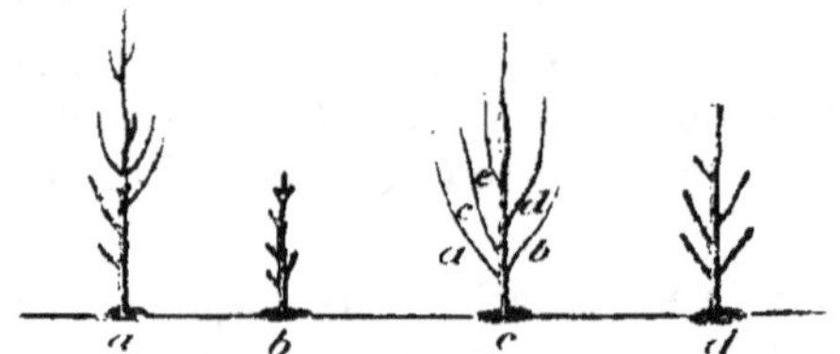

Le premier, *A*, représente un arbre-quenouille de deux ans de greffe, sortant de la pépinière. La plantation a été faite de la même manière que celle des arbres démontrés à la *planche Ire*.

De la Taille de ce même Arbre, B.

Cet arbre a été étété à environ 40 cent. de la greffe ; on a seulement rapproché les plus grandes branches à 4 et à 5 centimètres.

De la Pousse de ce même Arbre, C.

Quand les plantations sont faites avec soin, on obtient toujours de bons résultats, tel qu'il a été dit à la *IIe planche*. Cet arbre a 'ait, comme on voit, une pousse admirable pour une première année : ce qui doit arriver généralement avec les précautions nécessaires.

Il faut avoir soin, quoique l'arbre soit jeune, de redresser les branches pour qu'elles ne fassent pas coude auprès de la tige : c'est un des points essentiels que j'expliquerai plus loin.

De la Taille de ce même Arbre, D.

On commence à tailler les premières branches *a* et *b*, à envi-

ron 25 centimètres du tronc, en inclinant la coupe du côté opposé
à l'œil. Cette coupe doit être faite à l'opposé de la précédente, afin
de redresser la branche le plus possible. La taille des extrémités doit toujours se faire à la serpette et non au sécateur. On
coupe ensuite les branches *c* et *d* à environ 15 centimètres du
tronc ou tige principale; la branche *c*, à 5 ou 6 centimètres,
de manière que l'arbre, après la taille, présente ses branches
a et *b,* en décroissant d'une manière uniforme jusqu'à la branche *c*.
On coupe la flèche à environ 20 centimètres, taille suffisamment
longue pour un arbre de deux ans de plantation.

Il faut avoir la précaution, comme je l'ai déjà dit, que la coupe
de l'extrémité de la flèche et des branches-mères commence à 1 millimètre au-dessous du niveau des yeux du sens opposé, pour ne pas
les altérer.

On voit aussi à cet arbre trois yeux qui ne sont pas développés.
Je donnerai plus loin les moyens de parvenir à leur développement.

On doit prendre de grandes précautions pour le redressement des
branches-mères qui font tout l'ensemble et la beauté de l'arbre.
On y parvient à l'aide de petites perchettes et de petits osiers, sans
trop serrer la branche pour ne pas y occasionner des bourre-
lets; on a soin de diriger les branches-mères droites à partir de
la tige, ainsi qu'il est figuré. Par ce moyen, on rapproche ou l'on
éloigne de la tige tout l'ensemble de l'arbre; cela dépend des be-
soins qui peuvent se présenter dans l'avenir, comme je l'expliquerai
à la *planche XVII*.

Quant aux trois yeux qui ne se sont pas développés, au moment où la sève commence à vouloir circuler dans les branches,
ce qui arrive ordinairement dans le courant de mars, un peu plus
tôt ou un peu plus tard, cela dépend de l'hiver, on fait avec la
pointe de la serpette, au-dessus de l'œil, deux petites entailles
transversales de 2 à 3 centimètres de longueur suivant la grosseur
des branches, très-rapprochées l'une de l'autre, dont on enlève
l'écorce afin que la plaie ne se referme pas avant que l'œil ait pris
son développement, et à partir des extrémités de cette coupure
transversale, on fait un trait vertical d'environ 3 centimètres. Par
ce moyen, la sève qui passe entre ces incisions verticales, s'arrête au
trait transversal; elle séjourne abondamment dans cette partie, et
assure le développement de l'œil. Ce moyen est infaillible pour
réussir à obtenir des branches, surtout dans les jeunes arbres,

quand les yeux ne sont pas éteints ; quand ils le sont, on emploie un autre moyen que je démontrerai à la *XVIIe planche*.

Quinzième planche,

REPRÉSENTANT LA POUSSE DE L'ARBRE TAILLÉ.

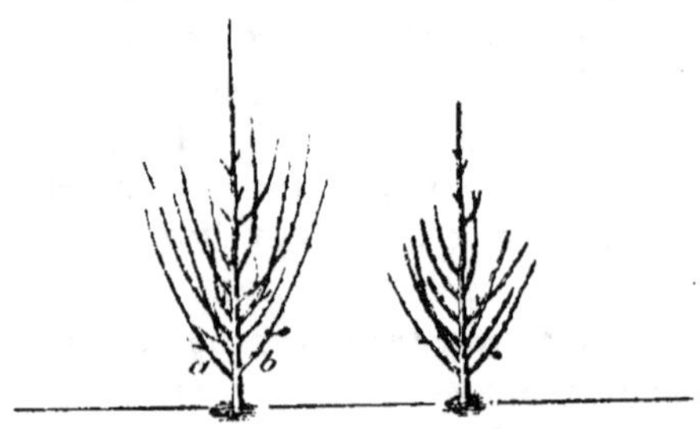

On voit à la pousse de cet arbre que les trois yeux qui ne s'étaient pas développés à l'avant-dernière pousse, se sont parfaitement développés après que l'incision leur a été faite. On a toujours plus de chance d'obtenir les branches nécessaires en employant ce moyen, quand les branches sont jeunes, que d'attendre le développement naturel qui arrive souvent fort tard, et quelquefois pas du tout. Dans ce dernier cas, on est obligé d'avoir recours à l'application d'écussons, comme on le verra à la *XVIIe planche*, moyen, en dernier ressort, d'obtenir les branches nécessaires. J'ai rarement mis ce moyen en usage par les soins que j'ai portés à mes cultures ; il n'en a pas été de même pour beaucoup de personnes auxquelles je me suis intéressé : c'est ce qui m'en a donné la conviction d'une manière positive.

Les pincements doivent se faire très-soigneusement au commencement de la végétation sur les jeunes pousses les plus vigoureuses, pour faciliter le développement des branches-mères. Une fois que la végétation se prépare bien, on laisse pousser l'ensemble de l'arbre. Quand des branches se disposent mal, il faut avoir soin de les redresser pour préparer le travail qui doit se faire dans le courant de juillet et d'août pour l'ébourgeonnement et le redressement des branches ; car il est bien plus facile de redresser les branches en pousse, lorsque le bois est tendre et en sève, que quand la sève est arrêtée. Ce travail consiste à redresser les branches le mieux possible, pour que l'arbre ait toujours une belle forme. Quant à l'ébourgeonnement, l'arbre est trop jeune pour en parler.

De la Taille de cet Arbre.

On taille les premières branches *a* et *b*, à 25 ou 30 centimètres au-dessus de la dernière taille, ce qui les met à environ 50 centimètres de longueur, taille suffisamment longue pour un arbre de deux ans de pousse. On coupe les autres en décroissant jusqu'à celles qui ont environ 4 à 5 centimètres, pour bien former l'ensemble de l'arbre. La flèche a été coupée à environ 45 centimètres. Il n'y a pas d'inconvénient à allonger la flèche quand la végétation se fait bien, toujours en taillant autant que possible l'extrémité des branches dans le sens opposé à la taille précédente, et à la faire, comme je l'ai déjà expliqué, à un millimètre au-dessus, du sens opposé à l'œil. Les quelques petites ramifications de l'intérieur de l'arbre doivent se tailler, quand elles ne sont pas trop fortes, de 1 à 2 centimètres, pour obtenir à l'avenir quelques dispositions fruitières. On attache ensuite les branches de manière à les presser le mieux possible, surtout en les faisant partir directement de la tige comme elles sont figurées.

Si toutefois il y a des branches-mères qui présentent des sinuosités ou irrégularités trop prononcées, ce qui arrive souvent par un manque de développement, occasionné par des insectes ou par une fausse application, et qu'il s'y trouve des yeux bien disposés qui tendent à redresser la branche, on emploie des moyens pour les faire développer, s'il ne se développent pas naturellement, en faisant une incision au-dessus de l'œil, comme je l'ai déjà expliqué, ou une coupe seulement au-dessus; on favorise alors le jeune bourgeon en lui faisant prendre la forme nécessaire pour le redressement de la branche; ensuite on coupe la branche ancienne quand la jeune pousse a suffisamment de force pour appeler la sève. Rien n'est plus avantageux et plus agréable que d'avoir des branches droites; la sève y circule avec plus de facilité, et profite toujours à l'arbre et aux fruits.

Seizième planche,

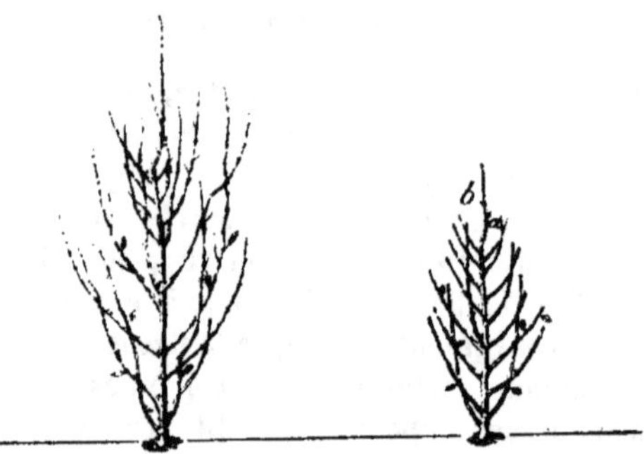

Cet arbre offre un développement suffisant pour son âge. (Quoique ses branches et son ensemble ne présentent pas un aspect qui flatte l'œil, parce que les branches qui se trouvent sur le derrière de l'arbre ne peuvent être vues de face : il n'est pas moins agréable et avantageux dans une propriété.) Les branches-mères sont, a peu de chose près, d'une même grosseur; on parvient toujours à les obtenir ainsi, quand on a soin d'équilibrer la sève par les premiers pincements, comme ils ont été indiqués à la dernière planche : c'est là le point essentiel afin d'obtenir le prolongement des branches pour la formation des jeunes arbres. S'il existe quelques courbes dans les branches-mères, il faut en faire le redressement, en employant le moyen que j'ai indiqué à la planche dernière, avec des baguettes ou des osiers. L'horticulteur ne doit pas se faire illusion sur ce travail; rien n'est plus simple, avec un bon vouloir; il s'agit de mettre la main à l'œuvre.

Quant aux pincements, je ne suis pas très-partisan de les réitérer fréquemment. Il s'agit essentiellement de les faire aux bourgeons inférieurs avant ceux de l'extrémité des tailles qui doivent pourvoir au prolongement des branches-mères. Quant à ces bourgeons de prolongement, le pincement doit se faire sur ceux qui sont les plus vigoureux, pour qu'ils ne prennent pas trop de force; on pince ensuite quelques bourgeons ça et là, dans l'intérieur de l'arbre, lorsqu'ils dominent; on laisse ensuite pousser l'arbre sans le tourmenter. Le point essentiel c'est que l'arbre se développe dans les mêmes proportions. Si cependant quelques jeunes pousses dans l'intérieur excédaient de beaucoup les autres, en grosseur, on devrait les supprimer ; ce qui arrive souvent dans les arbres très-vigoureux.

Avant de passer à la taille de cet arbre, il y a encore un point très-important à indiquer, autant dans l'intérêt du propriétaire que dans celui des arbres de tous les genres et de toutes les formes ; c'est qu'au moment de la végétation, lorsque les bourgeons commencent à pousser, il arrive souvent que des intempéries empêchent le développement, ce qui fait que tous les ans, un peu plus ou un peu moins, il y a des feuilles qui se roulent et se réunissent ensemble, ainsi que des fleurs. C'est toujours dans ces parties qu'il s'engendre de petites chenilles qui mangent les feuilles et les fleurs, entament même les fruits, et portent un préjudice considérable à la récolte. Ces chenilles, vers la fin de mai et de juin, se métamorphosent en papillons. Comme le papillon dépose ses œufs avant de mourir, ce sont autant d'insectes pour l'année suivante ; il faut donc tâcher de remédier à cet inconvénient.

Tous les ans, au commencement de la pousse, en faisant les premiers pincements, on ôte les feuilles et les fleurs enroulées. Par cette précaution, qui doit se réitérer plusieurs fois, on nettoie les arbres, on garantit les fruits contre l'entame et les difformités qui résultent de la présence de ces vilaines feuilles ; on garantit non-seulement la récolte présente mais encore les récoltes à venir

De la Taille de ce même Arbre.

La taille se fait de la même manière et dans les mêmes proportions que l'arbre taillé, dernière planche. Les premières branches d'en bas, de chaque côté, sont taillées chacune à 75 centimètres du tronc de l'arbre, en décroissant dans la même direction jusqu'aux deux petites cornes cotées *a* et *b*. Il doit toujours en être ainsi pour l'ensemble de l'arbre. La flèche est taillée à environ 45 centimètres, longueur raisonnable et proportionnée à la force de l'arbre.

Quant à la taille inférieure, l'ébourgeonnement ayant été fait à la sève d'août, il reste peu de chose à tailler, sinon de diminuer la longueur de quelques petites brindilles, les plus fortes, de 2 à

5 centimètres. On doit surtout avoir pour principe, comme je l'ai déjà recommandé, de former les arbres d'abord, avant de chercher à obtenir des fruits trop tôt.

Il est inutile que je revienne sur le redressement des branches.

Dix-septième planche,

REPRÉSENTANT UN ARBRE EN POUSSE, DE L'AGE DE SIX ANS DE PLANTATION.

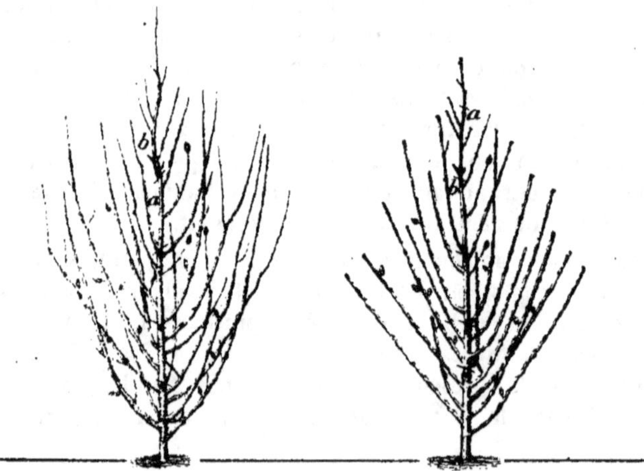

J'ai choisi un arbre dans mes pyramides présentant quelques ci.-constances, pour les démontrer et faire comprendre la manière de greffer en rapproche, chose d'une grande importance pour donner à l'arbre les branches qu'on aurait dû obtenir dans sa jeunesse, comme il y en a beaucoup dans cet état. Le moment de faire cette opération c'est dans le courant de mai et juin, c'est-à-dire que, quand les bourgeons ont 20 à 25 centimètres de longueur, il faut en profiter : plus ils sont jeunes et tendres, plus ils sont bons. Voici la manière d'opérer : on prépare avec le greffoir comme pour recevoir un écusson la place où l'on veut obtenir une branche ; on prend ensuite le jeune bourgeon que l'on présente à l'incision pour lui faire prendre la forme qui convient d'après sa position : c'est à l'aide de petits osiers ou de jonc que l'on y parvient ; ensuite on coupe avec le greffoir, à 2 ou 3 centimètres de l'œil terminal de la

jeune pousse, une **partie de** cette jeune branche, environ **2** centimètres de longueur, les deux tiers de l'épaisseur de la jeune pousse,
même à ne pas laisser de bois s'il est possible ; on introduit ensuite
dans l'endroit préparé, comme si l'on posait un écusson, on lie avec
de la laine comme on le fait pour un écusson ordinaire. C'est l'œil
terminal du jeune bourgeon qui doit faire la branche de prolongement; par ce moyen la végétation ne s'arrête pas, puisqu'il y a des
greffes en rapproche qui poussent de 50 centimètres à 1 mètre de
longueur. Il en sera de même pour toutes les formes d'arbres sur
lesquelles on veut obtenir des branches.

Il y a les yeux cotés *a* et *b*, qui ne se sont pas développés; mais,
la tige étant plus jeune, on peut obtenir les branches par l'incision, comme je l'ai indiqué à la *planche XVI*e. Quant aux pincements et à ce qui se rattache à la pousse de l'arbre, je crois inutile
de répéter ce que j'ai dit.

De la Taille de ce même Arbre.

La taille des branches inférieures de l'arbre est faite à environ
1 mètre 50 centimètres du tronc, en décroissant jusqu'à la flèche.
La branche *a*, a été taillée plus courte, parce qu'elle avait trop
de force et pour qu'elle attirât moins la sève. Il est un fait positif :
plus on allonge une branche qui excède les autres de force, plus
la sève s'y porte abondamment et cause par conséquent un préjudice considérable aux autres; quand il en est ainsi, on réitère les
pincements sur ces fortes branches, et on les rapproche même s'il
en est besoin.

Quant à celles qui ont été obtenues par le moyen de greffes en
rapproche, on sèvre la branche, en la coupant avec précaution, la
première ou la seconde année : cela dépend entièrement comme la
greffe est consolidée; on peut encore n'en couper qu'une partie à
la fois pour moins nuire à la végétation; on taille les branches
provenant des greffes en proportion de leur force. Il y a aussi
plusieurs branches-mères où il y a des boutons à fruits aux extrémités; il est préférable de les conserver, comme je l'ai dit, pour
obtenir le prolongement des branches en coupant les fleurs quand
elles sont épanouies. Quant à la taille inférieure, plus l'arbre prend
de force par son âge, plus on doit laisser quelques brindilles
pour la disposition fruitière quand celui-ci est vigoureux ; le reste

de la taille se fait comme je l'ai expliqué aux planches précédentes.

Les arbres à forme pyramidale ont beaucoup d'attraits dans les jardins sous une infinité de rapports. Quand ils sont bien suivis, ils ornent admirablement l'intérieur, rapportent de beaux et de bons fruits en grande quantité, en mettant les variétés qui conviennent en plein vent, telles que Doyenné d'été, et d'hiver, Duchesse, Beurré, d'Arembert, et Chaumontel, etc., etc., et non les délicates, comme Beurré-Gris, Saint-Germain, Crassanne, Bon-Chrétien, etc., à moins que ce ne soit dans les terres légères où ces variétés se défendent encore beaucoup mieux que dans les terres fortes où leurs fruits deviennent presque toujours pierreux.

Cet arbre, comme je viens de le dire, a beaucoup d'attraits dans les jardins, mais il ne faut pas s'attacher à prendre pour modèle des arbres que l'on élève de 9 à 10 mètres de hauteur comme il y en a dans plusieurs propriétés. Que l'on admette pour principe des arbres bien proportionnés, que les branches-mères soient bien nourries, en leur donnant toute l'extension nécessaire mais dans des proportions déterminées ainsi que l'indique cette planche. Cette dimension peut être admise partout dans les petits jardins comme dans les grands; elle ne cause en aucune manière de préjudices aux espaliers, quand ils seraient plantés à une distance de 4 à 5 mètres de ces espaliers, ni même à la culture qui les environne. Car les arbres au-delà de 4 à 5 mètres de hauteur sont tout-à-fait contre l'intérêt du produit de la propriété, et en général hors du travail raisonné.

Du rapprochement et du recépage des arbres de diverses formes.

Beaucoup de personnes n'ont pas la facilité d'avoir des arbres faits pour remplacer de vieux arbres vigoureux, mais qui sont hideux par leur forme ou autres causes. Ceux qui sont de bonne nature peuvent se rapprocher, c'est ordinairement près du tronc, c'est-à-dire à 15 ou 20 centimètres, cela dépend de la disposition actuelle de l'arbre, et de la forme qu'on se propose de lui donner. Il y a des arbres rapprochés qui végètent d'une manière étonnante, avec des précautions on peut faire de bien bons arbres en peu de temps, qui pourraient avoir un avantage pour la pousse sur les jeunes, par le moyen des fortes racines qu'ils possèdent. Il faut avoir bien soin de couvrir les plaies qui ont été faites aux branches, avec de la cire à greffer que l'on prépare à cet effet, afin que l'air et le soleil ne portent aucun préjudice, ou de leur mettre de la terre franche, s'il est possible, délayée en mortier et d'envelopper ensuite d'un linge. On peut disposer ces arbres bien plus promptement à fruits, en leur donnant toute l'extension nécessaire à leur végétation. J'ai vu de ces bons arbres qui auraient été bien beaux, s'ils eussent été conduits d'après les principes que j'ai démontrés.

Quant au recépage, il ne doit se faire qu'aux arbres de mauvaise nature, et il n'y a pas d'autres moyens que de les greffer. On les coupe le plus près de terre possible; comme le tronc est souvent fort, il faut les greffer en couronne pour ne pas les fendre. Quand le greffage réussit bien, on peut laisser deux greffes, une de chaque côté pour disposer l'arbre à double palmette renversée. Au moyen de deux principales branches, la plaie se recouvre plus promptement. Si on veut en faire une pyramide, n'ayant qu'une branche principale, un plus grand espace de la plaie du tronc est abandonné par la sève, ce qui empêche à la plaie de se recouvrir facilement. Je recommande toujours de couvrir la plaie comme je viens de l'indiquer et de renouveller l'enveloppe toutes les fois qu'il en sera besoin.

DESCRIPTION DU POIRIER.

Le poirier, indigène à l'Europe, est pour la Belgique le plus intéressant des arbres fruitiers; les branches en sont droites, nombreuses, disposées sans confusion, le bois en est dur, très-compacte et agréablement veiné; il doit sa pesanteur et sa solidité à la quantité de sclérogène déposée contre les parois intérieures de ses tubes et de ses cellules. Cette substance est la même que le rocher qui entoure les capsules renfermant les pepins de la poire; elle se fait aussi remarquer sous l'épiderme de ce fruit; elle est moins abondante dans certaines variétés que dans d'autres, mais toujours assez pour qu'une poire mise dans l'eau tombe au fond. C'est aussi la même concrétion qui enveloppe la semence des fruits a noyaux. Elle est étrangère à l'organisme des plantes, elle est amenée dans les végétaux par l'eau de la sève, puis concrétée et déposée aux parois intérieures des organes creux et élémentaires dont est formé le tissu végétal.

Les fleurs du poirier sont composées d'un calice charnu à cinq échancrures qui restent attachées à l'extrémité du fruit, de cinq pétales blancs, de vingt à trente étamines divergentes, et d'un pistil, dont les cinq styles déliés, surmontés de leurs stigmates, reposent sur un ovaire qui fait partie du calice; les fleurs sont portées sur des pédicules attachés à un pédoncule commun.

Les feuilles du poirier sont stipulées, entières, attachées sur le rameau dans un ordre alterne, par des queues plus ou moins longues; les bords en sont unis ou dentelés plus ou moins profondément; le dehors est d'un vert blanchâtre, relevé de nervures fines et plus saillantes; le dedans est lisse et un peu luisant.

L'ovaire devient un fruit charnu succulent, terminé par un œil ou ombilic bordé de cinq échancrures desséchées du calice; il est attaché par une queue plus ou moins longue et grosse suivant les espèces. On trouve dans l'intérieur cinq capsules, ou loges séminales, rangées autour de l'axe, et formées de membranes minces et faciles à rompre; quelquefois on n'en trouve que quatre. Chaque loge contient un ou deux pepins de la forme d'une larme, composés de deux lobes, et enveloppés d'une pellicule assez dure; certaines espèces sont sans pepin. Nul autre arbre n'offre autant de variétés distinguées par la forme de ses fruits, leur couleur, leur saveur, et l'époque de leur maturité.

NOMENCLATURE DES DIVERSES SORTES DE POUSSES DU POIRIER.

Ces diverses sortes sont : le tronc ou la tige, les bourgeons à bois ou les rameaux, les brindilles, les dards, les rosettes, les boutons à fleurs, les bourses, les lambourdes, les gourmands, les branches adventives, les branches de faux bois, et enfin les branches chiffonnes.

Le tronc ou tige est la partie qui s'élève depuis la racine jusqu'à la tête de l'arbre.

Les bourgeons à bois (nº 1), *planche XVIII* ci-derrière, sont, parmi les pousses de l'année, celles qui sont les plus fortes; elles prennent naissance sur un rameau. Il arrive quelquefois que les yeux des bourgeons ouvrent en bourgeons anticipés, comme dans le pêcher. Lorsque la sève est arrêtée, les bourgeons à bois sont presque tous terminés par un œil à bois, alors ils prennent le nom de rameau; d'autres fois l'œil terminal est à fleur, ce qui arrive plus particulièrement dans les Doyennés, la Duchesse d'Angoulême, la Madeleine, le Graciolli et autres. Le bois des rameaux est gros, long, ligneux, flexible; les yeux dont ils sont pourvus sont allongés, éloignés les uns des autres, mais très-rapprochés vers le sommet; ceux du bas sont plats, ils sont d'abord à bois, tous sont accompagnés de deux sous-yeux supplémentaires. L'œil principal *b* de l'extrémité du rameau ouvre pour en continuer le prolongement; les autres, au-dessous, ouvrent latéralement dans l'ordre suivant : en bourgeons, brindilles, dards, rosettes, boutons à feuilles; et ceux qui sont près du talon n'ouvrent pas, ils s'oblitèrent, en raison de la distance qui les sépare du bourgeon de prolongement vers lequel la sève afflue; mais on peut les faire ouvrir en abrégeant cette distance, ce qui a lieu en raccourcissant le rameau à moitié ou au tiers de sa longueur. Les autres rameaux qui ont ouvert et qui ne sont pas nécessaires à la forme ou à la charpente de

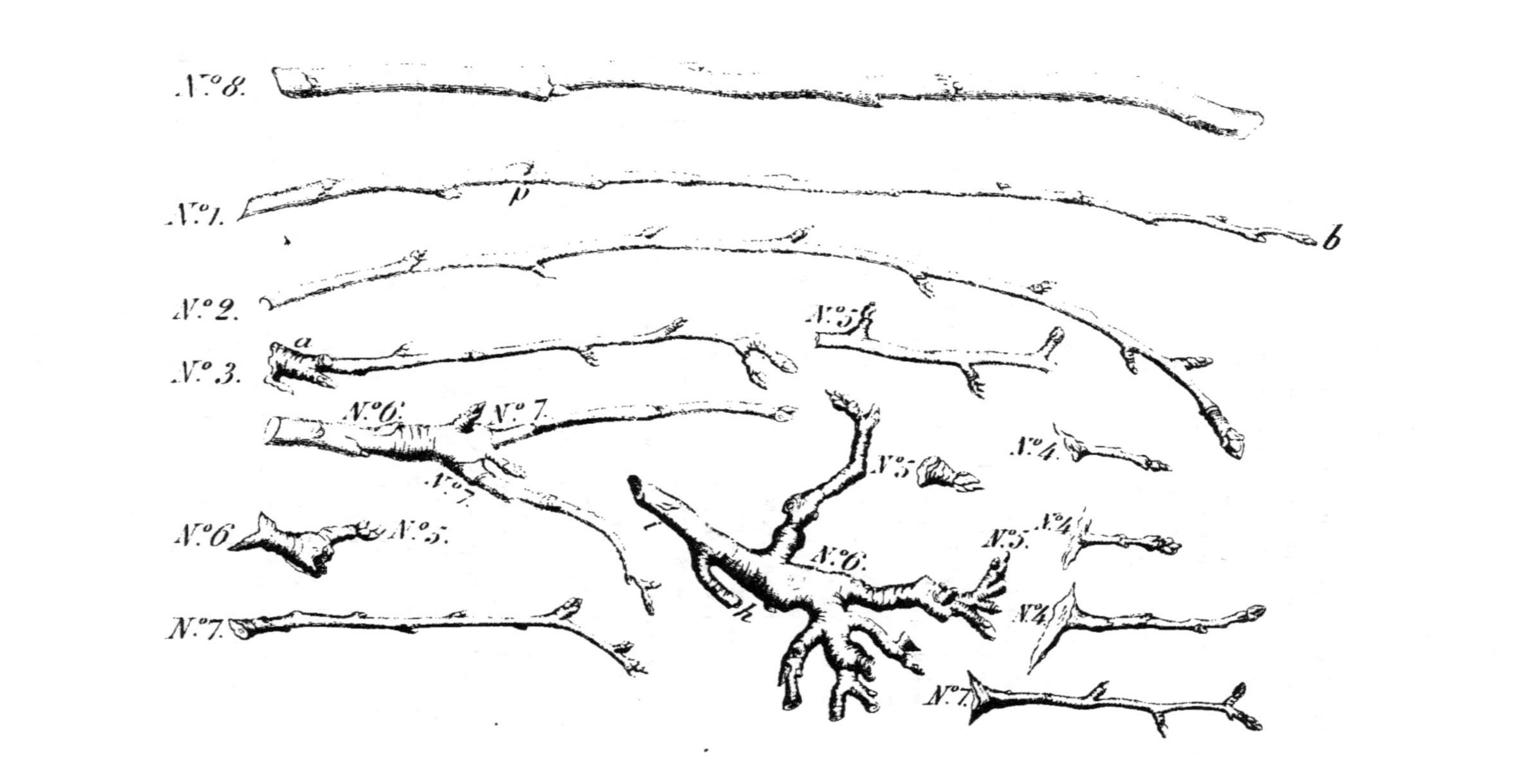

N°8.
N°1.
N°2.
N°3.
N°4.
N°5.
N°6.
N°7.

l'arbre sont remplacés, lors de la taille, par de nouvelles productions plus fructifères, ce qui s'opère en supprimant ces rameaux à l'épaisseur d'un écu, c'est-à-dire qu'on laisse assez de bois à la base du rameau supprimé pour conserver les sous-yeux qui sont à l'insertion du rameau; c'est ce que Laquintinie appelle *tailler à l'épaisseur d'un écu*. Mais il fallait dire dans quel cas seulement il est bon d'en faire usage, et ajouter que cette épaisseur ne doit exister qu'à la partie supérieure de la coupe, devant commencer à zéro au talon du rameau, de telle sorte que l'aire de la coupe vue de bas en haut offre un onglet court dans la partie supérieure, et enfin qu'on doit approcher la coupe plus ou moins près du sous-œil, suivant qu'on veut en obtenir une pousse plus ou moins faible. Le résultat de la taille à l'*épaisseur d'un écu* est de faire ouvrir les sous-yeux, en rosettes, en boutons à fleurs, ou en brindilles, suivant la volonté du cultivateur, subordonnée à l'âge et à la vigueur de l'arbre. Au-dessous des rameaux naissent *les brindilles*. Nous en distinguons de deux sortes : les unes naturelles (n° 2), qui paraissent sur un rameau qui n'a pas été raccourci; les autres accidentelles (n° 3), qui proviennent d'yeux qui avaient été façonnés pour devenir boutons à fleurs, mais que le raccourcissement du rameau a forcés à s'ouvrir en brindilles. Celles-ci se distinguent par des rides circulaires à leur base *a*, et par des dispositions plus prononcées à fructifier; le bois des unes et des autres est mince, allongé, ligneux, flexible, terminé par un bouton à fleur ou à feuille, suivant l'espèce ou l'âge de l'arbre. Les yeux qui garnissent les brindilles sont plus saillants et plus rapprochés les uns des autres que ceux des rameaux; ils se transforment aussi plus promptement en boutons à fleurs, si on ne les force pas, par la taille ou autrement, à ouvrir à bois. Les yeux de la brindille sont aussi accompagnés de deux sous-yeux supplémentaires. Vers la mi-juillet on casse les brindilles (n° 2), au point *p*, à quatre ou cinq feuilles, ou bien on les raccourcit lors de la taille à 12 ou 15 centimètres, afin qu'elles puissent soutenir sans rompre et amener à bien les fruits qu'elles doivent porter. Les premières fleurs sont toujours placées à l'extrémité supérieure. Le raccourcissement des brindilles a encore pour objet d'empêcher les yeux du bas de s'oblitérer, et le cassement de disposer plus tôt que ne le ferait la taille les yeux qui en sont proches à se façonner à fruit, la sève étant forcée de se répandre et de séjourner plus longtemps pour réparer une fracture qu'une amputation, surtout faite à une époque où le mouvement de la sève est très-ralenti. On ne doit jamais se servir de brindilles pour greffer.

Au-dessous des brindilles naissent les *dards* (n° 4) : ce sont des boutons à fleurs que le mouvement de la sève semble avoir portés en avant, par un commencement de pousse. Le dard ne prend naissance que sur un rameau ; il forme un angle presque droit avec le rameau sur lequel il croît, il n'a point de rides circulaires à la base comme les brindilles accidentelles ; sa longueur varie depuis 15 jusqu'à 70 millimètres. Son bois est très-raide, ligneux, et très-dur sous la serpette ; il est quelquefois, après son éclosion, terminé par un bouton à fleur, mais plus souvent par un œil pointu d'un aspect épineux. Cet œil acquiert chaque année, pour devenir bouton à fleurs, un plus grand nombre de feuilles ; alors il s'arrondit, épanouit, et laisse après la fleur une bourse. Le dard se distingue encore du bouton à fleur en ce que la base de celui-ci casse net au moindre choc, tandis que le dard, qui est raide et ligneux, résiste. Il a aussi à sa base des sous-yeux supplémentaires. Il est rare que l'on soit dans le cas de tailler un rameau sur un dard ; lorsque cela arrive, on doit raccourcir le dard sur ses sous-yeux *c*, afin que le prolongement du rameau ne fasse pas un coude, qui serait très-défectueux, si dans ce cas on ne retranchait pas l'œil *e*, qui termine la pointe du dard. Le raccourcissement du dard a encore lieu lorsqu'un arbre tiré des pépinières est tellement dégarni du bas, que l'on est obligé de ravaler et de supprimer toutes les pousses qui restent sur sa tige. Dans ce ravalement général, on raccourcit les dards, afin qu'il sorte de leur insertion des bourgeons à bois dont on puisse tirer parti pour former la charpente de l'arbre. Enfin, lorsqu'une branche n'est garnie que de boutons à fleurs, on en prévient l'épuisement en raccourcissant un ou plusieurs dards, d'où il sort des brindilles ou des rosettes, etc., qui, attirant la sève sur cette branche, la font grossir et l'alimentent.

Nous avons dit que presque tous les yeux qui se trouvent sur un rameau de poirier peuvent devenir autant de boutons à fleurs (n° 5), s'ils ne sont pas détournés de cette destination par la taille, ou par d'autres causes qui attirent sur eux une trop grande affluence de sève. Ces yeux se façonnent lentement, en acquérant chaque année un plus grand nombre de feuilles qui sont comme implantées au pourtour ; elles aident sans doute à la formation du bouton, qui devient complète après deux ou trois années. Lorsque le bouton est accompagné de cinq ou sept feuilles, alors il épanouit. Ces feuilles concourent non-seulement au perfectionnement du bouton à fleur, mais chacune d'elles nourrit encore l'œil qui est à son insertion. Ces yeux ainsi groupés forment, après l'épanouissement du bouton à fleur, d'autres boutons qu'on appelle bourse, partie charnue de laquelle il sort successivement des boutons à fleurs ou des lambourdes, suivant que la sève afflue plus ou moins dans la bourse, ce que le cultivateur peut opérer à son gré. Les bourses et les lambourdes ne peuvent donc exister que sur un arbre qui a déjà fleuri.

Les feuilles placées au pourtour des bourses nous paraissent encore indispensables à la nourriture et au perfectionnement des fruits, puisque leur création précède toujours celle des boutons à fleurs. Ce sont ces feuilles qui élaborent les sucs que les fruits ont la faculté de s'approprier; c'est de leur nombre, et des substances aériennes dont elles s'imprègnent, sous l'influence des rayons solaires, que dépendent la grosseur et surtout la saveur des fruits; si ces feuilles ne recevaient qu'imparfaitement ces influences, elles n'auraient à transmettre que l'eau pure de la sève, telle que les spongioles la préparent : dans ce cas les fruits seraient sans saveur; ce sont donc les feuilles encore plutôt que les fruits qu'il importe d'exposer à l'air libre.

Le n° 6 représente *un amas de bourses* qui se sont formées sur l'extrémité d'un dard. La bourse est d'une nature molle, spongieuse, charnue, cassante. C'est pour cette raison que l'ouvrier qui taille des pyramides ou des vases doit avoir des manches étroites en toile, et non en laine, afin d'enfoncer librement le bras entre les branches sans s'exposer à casser les boutons à fleurs, surtout si la taille est faite tardivement. L'aspect de la bourse est écailleux; la quantité de ses boutons placés les uns près des autres, qui forment la bourse, la chute répétée de leur feuilles, établissent chaque année une espèce de plaie et de bourrelet à leur base, ce qui donne aux bourses l'aspect raboteux qu'auraient de petites écailles superposées ou représentant une vis. Il y a des bourses qui ont jusqu'à 27 millimètres de diamètre, et même quelquefois 56 ou 40. Les yeux sur la bourse sont plats, enfoncés et évasés; de ces yeux naissent des boutons à fleurs ou des lambourdes plus ou moins allongés, suivant la vigueur de l'arbre. Au-dessous de la bourse sont agglomérés des yeux qui concourent à la formation du bouton à fleur; ces yeux, pointus dans leur origine, s'arrondissent et bientôt deviennent boutons à fleurs.

Le nombre de bourses sur un arbre en constitue la fécondité; on ne doit donc rien faire qui puisse détruire ou seulement altérer celles qui sont immédiatement placées sur les membres, à moins qu'elles ne soient tellement multipliées, que la branche ou le membre se trouve dépourvu de brindilles ou de lambourdes, dont une certaine quantité, répartie çà et là, est nécessaire à la nourriture des bourses et indispensable à la circulation de la sève dans les membres pour augmenter leur extension. Alors, en supprimant une partie de la bourse en *h*, on obtient sur celle qui reste une lambourde; si on supprime toute la bourse comme en *i*, on obtient ordinairement au-dessous un bourgeon à bois, ou une brindille, ou un dard. Les soins les plus ordinaires à donner aux bourses se bornent, après la cueille ou la chute des fruits, à rafraîchir, au temps de la taille, avec la serpette, la petite portion charnue de la bourse à laquelle était attaché le fruit; autrement cette partie pourrirait, et le recouvrement de la plaie, vu le tissu peu serré de la bourse, serait par sa lenteur préjudiciable à la bourse. Elle peut encore se trouver offensée lorsqu'en cueillant le fruit trop tôt ou maladroitement, on enlève avec la queue une portion de la bourse.

On sacrifie les bourses qui se formeraient à l'extrémité des rameaux, des brindilles, ou des lambourds trop allongées; alors on attend que le fruit soit cueilli. Cette suppression a lieu pour ne point laisser se former de bourses trop éloignées du corps de l'arbre ou des branches, où le fruit est toujours plus beau et plus assuré.

N° 7. La *lambourde* ne prend naissance que sur les bourses; c'est une production essentiellement fertile, presque toujours terminée par un bouton à fleur qui n'épanouit souvent que la seconde année après son émission. La longueur de cette sorte de rameau varie depuis 3 jusqu'à 50 cent., et même au-delà; sa grosseur semble être plus forte vers sa base; son bois est raide, serré, ligneux, sa fibre courte; il ne casse pas net; ses yeux sont plus saillants vers l'extrémité supérieure et plus rapprochés que ceux des autres rameaux; ils fleurissent successivement en commençant par ceux du sommet; souvent ceux de la base s'oblitèrent lorsqu'on ne raccourcit pas la lambourde; chaque œil est accompagné de deux sous-yeux supplémentaires.

On peut, selon le besoin, en taillant sur une lambourde, obtenir une branche pour suppléer au remplacement d'une autre; dans ce cas, les yeux qui sont au-dessous de la taille, sinon le terminal, restent disposés à se façonner promptement à fleurs. Sur les jeunes arbres on laisse épanouir le bouton à fleur qui termine la lambourde, quelque allongée qu'elle soit; mais à la taille suivante, on raccourcit la lambourde de 12 à 15 centimètres de longueur. Une lambourde peut naître sur une lambourde ou sur une bourse, mais jamais ailleurs. La lambourde reste toujours dans des proportions modérées; elle ne peut jamais devenir une branche gourmande. On ne doit point se servir de lambourde pour greffer, parce que les boutons de la lambourde ont plus de dispositions à fructifier qu'à donner du bois.

N° 8. On appelle *branche gourmande*, un rameau qu'on a laissé par mégarde se développer avec beaucoup plus de force et de rapidité que les autres. Le bois d'un gourmand est comprimé, son empatement est large, son écorce est rude, ses feuilles sont grandes et étoffées, ses yeux sont aplatis et plus distants les uns des autres que ceux des autres rameaux; le tissu en est peu serré et mou. En un mot, toutes les parties qui le composent sont plus fortes que celles des autres rameaux, et plus précoces dans leur développement; d'où il résulte que la sève afflue dans ces rameaux, au préjudice des autres productions, qui dépérissent d'autant plus promptement que le gourmand prend plus d'extension.

Les arbres mal dirigés et trop contraints sont plus exposés que d'autres à avoir des branches gourmandes. On remarque que leur explosion a lieu le plus ordinairement sur le coude des branches arquées, sur le dessus des branches inclinées, et dans le voisinage de celles sur lesquelles la circulation de la sève se trouve obstruée.

Les endroits où les gourmands peuvent naître étant toujours indiqués au cultivateur, c'est à lui d'y porter son attention, afin de prévenir les désordres qu'ils pourraient occasionner si on leur laissait le temps de se constituer et de former de larges canaux par lesquels la sève ne manque jamais d'affluer rapidement. Il suffira de pincer ou plutôt d'écraser l'extrémité du bourgeon naissant, qui pourrait, sans cette opération, devenir gourmand; et si la sève reparaît trop promptement la plaie faite près de l'empatement du bourgeon, on le pincerait une seconde et même une troisième fois s'il le faillait, pour forcer la sève à se répartir dans les autres passages qu'on lui a laissés ouverts.

La suppression d'un gourmand qui serait entièrement développé ne servirait qu'à aggraver le désordre déjà causé par cette production, parce qu'il resterait toujours l'*action* des fibres descendantes de ce gourmand, entre le bois et l'écorce de la branche sur laquelle il s'est développé, action en dehors de notre portée; d'où il résulte qu'il est moins préjudiciable, dans ce cas, d'utiliser le gourmand en lui sacrifiant peu à peu toutes les parties altérées par sa présence. Nous répèterons qu'un arbre dans lequel la sève est également répartie ne donne jamais lieu à l'explosion de branches gourmandes. On ne doit jamais se servir de ces branches pour le rameau de la greffe.

On nomme *branches adventives* des bourgeons qui percent vigoureusement au travers de l'écorce, à l'endroit, bien entendu, où il y a eu des yeux ou des sous-yeux qui sont restés oblitérés; ce qui arrive fréquemment sur la tige ou sur le tronc des arbres dont les branches sont usées, et à l'extrémité desquelles il n'y a plus de circulation : alors la sève refoulée fait explosion sur les germes où elle trouve moins de résistance à son passage. Ces sortes de rameaux sont, à leur début, mous et spongieux, ce qui les expose à être attaqués par l'insecte qui cause les chancres. On peut cependant, lorsqu'ils ne sont pas attaqués, tirer parti de ces productions pour renouveler l'arbre où elles apparaissent; mais il serait préférable de prévoir ces explosions en procédant au rajeunissement de l'arbre par la greffe en couronne. Ces productions adventives ont tous les caractères des branches gourmandes.

On a jusqu'ici désigné sous le nom de branches de faux bois des bourgeons venus accidentellement sur le vieux bois; ces rameaux n'ont rien qui justifie le nom qu'on leur a donné, puisqu'ils peuvent servir à remplir un vide, à renouveler même la branche sur laquelle ils ont pris naissance, et qu'ils sont d'ailleurs de nature à pouvoir être utilisés; c'est ce que nous nommons branches adventives. Nous n'admettons sous la dénomination de branches de faux bois que les bourgeons restés imparfaits, parce que leur émission a été provoquée à contre-saison et qu'ils n'ont pas eu le temps de s'aoûter L'émission de ces bourgeons doit être soigneusement évitée, nonseulement parce qu'il devient nécessaire de les supprimer lors de la taille, mais encore par le désordre qu'ils causent dans toutes les productions qui les avoisinent.

Les branches chiffonnes sont des rameaux aplatis dès leur origine, s'allongeant obliquement et rapidement : ils donnent naissance à des ramilles très-multipliées; ces rameaux deviennent de plus en plus incapables de soutenir le poids des ramilles qui augmentent chaque année à leur extrémité, et toujours avec d'autant plus d'exagération que le sommet du rameau perd de sa perpendicularité. Le poids des ramilles s'accroît tellement, qu'il entraîne le sommet du rameau à plomb vers le sol, c'est-à-dire que la partie qui devrait être tournée vers le ciel est tournée vers la terre. La direction de ce rameau étant arrivée à être diamétralement opposée à ce qu'elle devrait être, la sève descendante ne peut plus circuler, son poids la retenant au sommet du rameau qui est devenu beaucoup plus bas que son insertion; ainsi, comme il est impossible à la sève descendante de gravir, elle reste dans la partie renversée du rameau, ou elle forme un nodus, et une multitude infinie de petites ramilles courtes, chargées de boutons qui sembleraient devoir fleurir, mais qui ne produisent que des feuilles, quoique très-nombreuses, et ne donnent aucune nourriture au rameau; celui-ci reste toujours mince et disproportionné par rapport aux productions dont il est chargé. Quant à la sève montante, elle ne peut atteindre le sommet du rameau qu'en descendant, puisque ce sommet est dirigé vers la terre au lieu de l'être vers le ciel. Les ramilles se multiplient et se prolongent comme les lambourdes sur les bourses, les unes au bout des autres, pendantes vers le sol; on en trouve qui ont plus de six pieds de longueur; dans cet état, elles sont le jouet des vents, qui les cassent par portion. Lorsque ces ramilles sont feuillées, elles offrent à une certaine distance l'aspect d'une touffe de gui plus ou moins arrondie ou allongée; ces sortes de productions arrivées à ce degré de développement ne se trouvent que sur des arbres auxquels on ne donne aucun soin. Le poirier, le pommier, et surtout le prunier, sont sujets à cette monstruosité. Elle a pour résultat une stérilité complète, et cause un grand dégât dans les arbres qui en sont affectés. Nous ignorons quelle est la cause qui détermine dans ces bourgeons, dès leur origine, un vice de conformation et une fausse direction; quoi qu'il en soit, c'est au cultivateur attentif à prévenir le développement de ces branches chiffonnes.

Telle est la classification que nous avons adoptée pour les diverses pousses du poirier, parce qu'elle nous a paru plus simple et surtout naturelle.

DE LA VÉGÉTATION NATURELLE DU POIRIER.

Nous essaierons de consigner ici, dans l'espace le plus limité qu'il nous sera possible, la manière naturelle de végéter du poirier, afin de mettre le lecteur à même de connaître les moyens les plus efficaces de contraindre ou de seconder son habitude. C'est en étudiant ainsi la végétation du pêcher que nous sommes parvenu à faire prendre à cet arbre, que l'on avait considéré jusqu'alors comme indomptable, toutes les formes qu'il nous a plu de lui imposer. Voulant de même soumettre le poirier à diverses formes, afin de le mettre plus tôt à fruit, d'en obtenir de plus belles productions, des récoltes mieux réglées, plus abondantes et plus assurées, nous allons d'abord examiner en quoi sa végétation naturelle diffère de celle du pêcher.

Nous avons déjà remarqué que les yeux et les boutons à fleurs du pêcher se formaient en même temps que le rameau qui les porte, pour ouvrir tous à bois ou à fruit, sans exception, au printemps suivant; chaque rameau étant terminé ordinairement par un œil à bois.

Sur le poirier, chaque rameau est aussi terminé ordinairement par un œil à bois; tous les autres yeux qui sont au-dessous du terminal sont également à bois d'abord. Au printemps suivant, ces yeux se façonnent, en commençant par le sommet du rameau, en bourgeons, en brindilles, en dards, en boutons à fleurs ou à feuilles. Quant aux yeux près le talon du rameau, ils s'oblitèrent, étant trop éloignés du bourgeon terminal; mais ils restent toujours disposés à reprendre leur faculté végétative, lorsqu'on les y sollicite par la taille ou autrement. Les boutons à fleurs, dans les jeunes arbres, sont plusieurs années à se former. Tous les yeux sont accompagnés de deux sous-yeux supplémentaires, qui s'ouvrent naturellement, ou lorsqu'on les y force, pour remplacer l'œil principal lorsqu'il est détruit.

Le pêcher n'a pas de sous-yeux supplémentaires; on trouve sur ses forts rameaux des yeux à bois doubles ou triples, mais ils ouvrent tous en même temps. Après la fleur ou le fruit, il ne reste rien sur le rameau pour remplacer ces productions, ce qui oblige de tailler les branches fruitières du pêcher, comme celles de la vigne, en coursons; autrement les branches principales se dégarniraient par le bas, et n'auraient bientôt plus de verdure qu'à leur extrémité.

Dans le poirier, après le fruit, ou seulement après la fleur, il reste une partie charnue que l'on appelle bourre, sur laquelle sont distribuées proche à proche une multitude de boutons à fleurs qui se succèdent pendant plusieurs années. Il existe sur le pêcher une production à peu près semblable, mais elle est rare : c'est un petit dard qui est environné à sa base de fleurs qui se renouvellent autant de fois que le petit dard croit et s'allonge; ensuite il disparaît, et la place qu'il occupait reste nue.

Nous avons dit que dans le pêcher tous les yeux et tous les boutons ouvraient dans la même année, et qu'aucun ne restait en réserve.

Dans le poirier, tous les yeux qui sont sur un rameau, après s'être modifiés diversement, chacun suivant le rang qu'il occupe sur le rameau, conserve toujours ses sous-yeux intacts, tous disposés à remplacer ces diverses productions lorsqu'elles seront usées, ou même plus tôt, selon la volonté du cultivateur.

Le pêcher greffé ne perce que très-rarement des bourgeons sur la vieille écorce; tandis qu'il suffit de rabatre une branche de poirier pour qu'il sorte, aux environs de l'amputation, des bourgeons qui renouvellent la branche. En dirigeant le pêcher, on doit sans cesse s'occuper à refouler la sève vers le bas, afin de préparer des branches fruitières pour remplacer celles qui viennent de donner leurs fruits ou seulement leurs fleurs.

Dans le poirier, on doit aussi s'occuper de refouler la sève vers le bas des rameaux; mais c'est seulement pour forcer les yeux qui s'y trouvent à ouvrir et les empêcher de s'oblitérer. La formation des boutons à fleurs se fait attendre dans le poirier; mais ces boutons sont persistants en productions, et doués d'ailleurs d'autres organes supplémentaires, toujours disposés au rajeunissement.

La comparaison que nous venons de faire suffira sans doute pour indiquer les moyens qui doivent être employés, afin de ne pas prétendre diriger de même deux espèces d'arbres si différentes dans leur manière de végéter.

Toutefois, pour ne parler que de la végétation naturelle du poirier, nous ajouterons qu'un rameau quelconque destiné à devenir une

tige ou une branche s'allonge par son œil terminal, qui est **toujours**
à bois ; ce prolongement forme ce que nous appelons la seconde section : nous entendons par section la pousse de l'année ; pendant
cette création de la nouvelle section, les yeux qui sont immédiatement au-dessous d'elle, sur la première section, s'allongent latéralement plus ou moins en raison de leur proximité de la seconde section ; les deux premiers yeux, par exemple, formeront de forts
bourgeons, tandis que les yeux qui sont au-dessous de ceux-ci ne
formeront que des brindilles, des dards, des boutons à feuilles, et
enfin les yeux du talon de cette première section resteront sans
ouvrir et s'oblitèreront.

Le printemps suivant, la tige ou la branche continuera de s'allonger par l'addition d'une troisième section ou d'une nouvelle pousse,
qui prendra naissance sur la seconde, comme celle-ci a pris naissance sur l'extrémité de la première. Pendant la durée de son développement, la seconde section végétera de la même manière qu'a
végété l'année précédente la première section. Ainsi chaque année il
s'établit une nouvelle section sur la dernière, dont le développement
est en tout semblable à celui de la section qui l'a précédée.

Il résulte de la végétation naturelle du poirier que le bas de
chaque section ou de chaque nouvelle pousse est totalement dé-
nudé, tandis que le haut est garni de rameaux à bois très-rapprochés les uns des autres ; le centre seul de chaque section contient
des brindilles, des dards ou des boutons à feuilles. Chaque branche,
qui est un composé de ces diverses sections, prend rapidement une
grande étendue, qui ne peut être proportionnée avec son peu de
grosseur, parce que la sève est trop inégalement répartie dans
chaque section ; ce qui est contraire à une fructification abondante
et régulière, ainsi qu'à la force et à la durée de l'arbre, et même
nous ajouterons aux qualités des fruits.

MOYENS DE MAÎTRISER PAR LA TAILLE LA VÉGÉTATION NATURELLE.

On prévoit combien il nous sera facile de changer avantageuse-
ment l'ordre naturel des choses. Il suffira, pour distribuer la sève
plus également sur toutes les parties de chaque section, de faire
ouvrir les yeux du bas, qui ne s'oblitèrent que parce qu'ils sont à
une trop grande distance de ceux du haut ; il suffira, dis-je, d'abré-
ger cette distance, en raccourcissant le rameau de la section à moitié

ou au tiers environ de sa longueur ; puis d'empêcher la sève d'affluer dans les deux ou trois premiers bourgeons latéraux au-dessous du terminal en les pinçant, ce qui fera refluer la sève dans ceux du bas, et donnera en même temps plus de force au terminal formant la section supérieure.

Nous verrons qu'au temps de la taille on supprimera, à l'épaisseur d'un écu, les bourgeons que le pincement n'aurait pas réduit à des proportions fruitières ; on cassera les brindilles trop allongées à trois ou quatre pouces de longueur. Les autres productions de la section seront laissées intactes ; c'est désormais au temps et à l'âge de l'arbre à les façonner à fruits. On aura aussi à surveiller les productions qui sortiront des sous-yeux des rameaux taillés à l'épaisseur d'un écu, afin de les pincer si elles prenaient trop de force. Les autres sections qui croîtront successivement au-dessus parcourront toutes les mêmes phases et subiront les mêmes opérations.

Ainsi, en suivant notre méthode, on voit qu'à mesure qu'une nouvelle section s'établit, elle laisse celle qui est au-dessous d'elle garnie dans toute son étendue de productions fruitières ou tendant à le devenir, en telle quantité, que l'on est bientôt obligé de convertir quelques-unes d'elles en brindilles ou en lambourdes, afin de ne pas laisser les branches s'épuiser sous les fruits, et de leur fournir au contraire les moyens de se fortifier, de grossir, et de mieux nourrir les fruits dont elles sont chargées. On voit que l'arbre soumis à la taille s'étend plus lentement ; mais ses branches raccourcies prennent une force relative à leur étendue, et sont d'ailleurs garnies de productions fruitières dans toute leur longueur.

DE LA TAILLE EN GÉNÉRAL DU POIRIER.

La taille des arbres fruitiers a pour but de distribuer la sève également et proportionnellement dans toutes les parties de l'arbre, afin que les fruits acquièrent toutes les qualités qu'ils peuvent avoir ; la taille dispose aussi les arbres à donner régulièrement et abondamment de beaux fruits dans toutes leurs parties à mesure qu'ils prennent de l'étendue et qu'ils avancent en âge ; elle prolonge leur existence en les maintenant en santé, mais elle en restreint le volume. La taille sert encore à donner aux arbres une forme quelconque déterminée par les intérêts ou seulement le caprice du cultivateur.

La taille, telle que nous la concevons, est basée sur la végétation particulière à chaque espèce d'arbres ; alors elle est une et invariable, quelle que soit la forme que l'on donne à l'arbre. C'est l'ignorance de ces véritables principes qui a fait croire à quelques professeurs qu'il devait exister autant de sortes de taille que l'on pouvait concevoir de formes d'arbres ; aussi traitent-ils séparément, et par chapitres, de la *taille en éventail*, de la *taille en vase*, et même des tailles *anciennes et hétéroclites*. Cette nomenclature de tant de sortes de tailles imaginaires ne sert qu'à donner de fausses idées aux jeunes gens, qui cherchent en vain une interprétation raisonnable à des mots vides de sens. En effet, que signifie une *taille en éventail*, une *taille en vase?* Il serait plus rationnel, au contraire, de faire remarquer aux jeunes élèves que les tailles ne varient jamais, et que celle de la vigne, par exemple, malgré toutes les formes que l'on peut lui faire prendre, est toujours la même, parce que les principes en sont fondés sur la manière dont cette plante végète.

En observant la marche que suit la végétation d'une plante, on sait théoriquement quelle est la culture qui doit lui être appliquée ; et si les résultats obtenus par la culture répondent aux indications voulues par la théorie, on a la preuve acquise que la marche de la végétation de cette plante est bien connue ; dans le cas contraire, il faut l'étudier plus attentivement.

Les résultats heureux obtenus souvent fortuitement en culture peuvent aussi faire découvrir la marche naturelle que suit la végétation d'une plante. Ainsi la science et la pratique devraient être inséparables pour s'éclairer mutuellement ; mais comme les savants sont rarement cultivateurs, il en résulte que les progrès de cette science sont très-lents. Il est donc essentiel que les hommes qui sont assez instruits pour professer l'horticulture laissent des traces de leur enseignement, afin non-seulement que ceux qui viendront après eux les suivent ou les dépassent sciemment, mais encore afin que le professeur lui-même puisse être averti, et ne soit pas exposé à enseigner et à propager des erreurs.

DE LA TAILLE APPLIQUÉE A LA FORMATION DES MEMBRES.

Nous considérons séparément l'arbre et ses membres. La forme à donner à l'arbre est purement arbitraire; le traitement des branches ou des membres est invariable, ne devant avoir qu'un but principal, celui de les garnir de fruits sur toute leur étendue. Ainsi, quelle que soit la forme de l'arbre, la façon à donner à toutes les branches est toujours la même. Quant à la forme, la meilleure est celle qui permet à la sève de circuler également et proportionnellement dans toutes les parties de l'arbre, parce qu'elle favorise davantage l'abondance des récoltes, sans épuiser l'arbre, sans l'empêcher de s'étendre et sans lui faire perdre les formes qui lui ont été imposées; nous ajouterons que cette égale circulation de la sève donne aux fruits toutes les qualités dont chaque espèce est susceptible.

Tout le monde sait que la tige d'un arbre, les bras d'une pyramide, d'une palmette, les membres d'un éventail ou d'un vase, ont tous la même origine, celle d'un rameau que l'on raccourcit au temps de la taille, afin de supprimer les yeux du haut, sur lesquels le mouvement de la sève eût été trop vif, et de l'exciter sur ceux qui restent au-dessous de la taille, ce qui fait développer ses yeux, grossir cette partie, et produit en même temps un prolongement plus vigoureux. Ce sont ces prolongements annuels qui constituent la tige, les bras ou les membres d'un arbre soumis à la taille. Nous distinguons ces prolongements sous le nom de section première, section seconde, troisième, etc.

La seconde section s'établira par les mêmes procédés que la première; elle parcourt aussi, dans la végétation et dans les diverses transformations de ses productions, la même marche que la première section a suivie. Il en est de même de la troisième section et de toutes les autres, qui parcourront successivement les mêmes degrés d'avancement et de perfectionnement qu'ont suivis toutes celles qui les ont précédées. Ce perfectionnement a lieu sur la première section lorsque tous les yeux, qui étaient d'abord à bois, se sont successivement convertis en dards, brindilles, rosettes, boutons à fleurs, bourses et lambourdes, ce qui s'opère à mesure que de nouvelles sections s'établissent au-dessus de la première. L'art ne fait que hâter, favoriser et régulariser ces conversions.

L'éducation de la première section a une durée de trois années, elle doit servir de modèle pour les autres sections. Il importe au cultivateur de connaître quelles sont les opérations qui auront été faites sur cette première section, et quels sont les moyens employés par l'art; quoique nous les ayons déjà indiqués, nous allons les répéter à l'aide de figures.

Fig. 1, *pl. XIX*. Au temps de la taille, on raccourcit le rameau qui doit former la première section suivant sa force et les dispositions de l'espèce à ouvrir plus ou moins de bourgeons au-dessous de la taille. Le pommier, par exemple, ouvre moins de bourgeons que le poirier; l'épargne, dans le poirier, en ouvre moins que d'autres variétés : les rameaux de ces arbres seront donc plus raccourcis que les autres. Le rameau sera raccourci au point *a* pour former la première section.

Fig. 2. A la pousse, l'œil terminal *a* s'allonge pour former le bourgeon *b* de la deuxième section; en même temps les deux ou trois yeux *e* et *f*, qui sont immédiatement au-dessous du terminal *a* sur la première section, s'ouvrent latéralement en bourgeons à bois d'autant plus forts qu'ils sont plus près du terminal *a;* les autres yeux *m* et *n*, qui sont au-dessous, ouvrent en brindilles ou en dards; ceux qui sont près du talon ouvriront en boutons à feuilles.

A la seconde taille, on raccourcira à moitié ou au tiers environ de sa longueur le rameau terminal en *b*, ce qui formera la deuxième section. On taillera, sur la première section, les rameaux *e* et *f*, à l'épaisseur d'un écu, s'ils ne sont pas nécessaires à la charpente de l'arbre. On raccourcit les brindilles *m* et *n* à quatre ou cinq pouces de longeur; les dards et les boutons à feuilles qui sont au-dessous restent intacts, c'est au temps à les façonner à fleurs.

Fig. 3. A la pousse, après la seconde taille, l'œil terminal *b* de la deuxième section s'allonge pour former le bourgeon *c* de la troisième section; en même temps les deux ou trois yeux *g* et *h* qui sont au-dessous près du terminal *b* ouvrent à bois; les autres yeux *o* et *p* au-dessous ouvrent en brindilles ou en dards; ceux qui sont plus près du talon ouvrent en boutons à feuilles.

Les rameaux *e* et *f*, sur la première section, qui ont été taillés à l'épaisseur d'un écu, devront produire de leurs sous-yeux des brindilles, des dards, ou des rosettes.

A la troisième taille, on raccourcira à moitié ou au tiers environ le rameau en *c*, ce qui formera le rameau *d* de la troisième section.

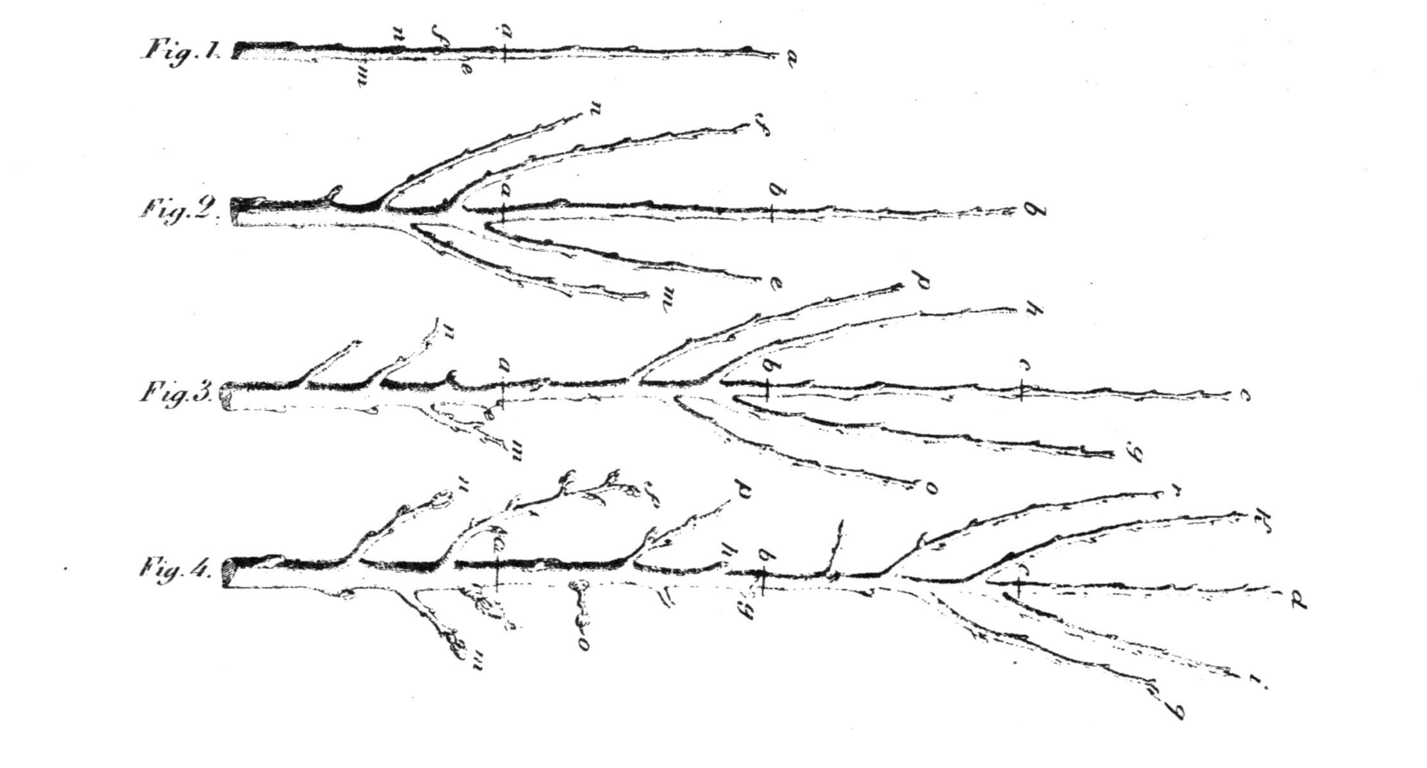
Fig. 1.
Fig. 2.
Fig. 3.
Fig. 4.

On taille à l'épaisseur d'un écu, sur la deuxième section, les rameaux à bois *g* et *h* s'ils ne sont pas nécessaires à la charpente de l'arbre; on raccourcit les brindilles *o* et *p* à trois ou quatre pouces; les dards et les autres productions au-dessous restent intactes, c'est au temps à les façonner à fleurs.

Sur la première section, les rameaux à bois *e* et *f*, qui ont été taillés à l'épaisseur d'un écu, s'ils s'étaient reproduits avec trop de force, seraient taillés très-courts; s'ils avaient produit des brindilles, on casserait ces brindilles à trois ou quatre pouces.

Fig. 4. A la pousse après la troisième taille, l'œil terminal *c* s'allonge pour former le rameau *d* de la quatrième section; en même temps les yeux *i* et *k*, sur la troisième section, au-dessous du terminal *c*, ouvrent en bourgeons à bois; les yeux au-dessous de ceux-ci *q* et *r* ouvrent en brindilles ou en dards; ceux qui sont près du tallon ouvrent en rosettes.

Les rameaux à bois *g* et *h*, sur la deuxième section, qui avaient été taillés à l'épaisseur d'un écu, ont ouvert en brindilles, ou en dards, ou en rosettes; les brindilles *o* et *p*, qui avaient été cassées, ont formé des boutons à fleurs, et au-dessous se sont formées des rosettes.

Les productions sur la première section se sont plus ou moins perfectionnées, quelques-unes sont à fleurs.

Lors de la quatrième taille, on raccourcira le bourgeon terminal au point *d*, qui formera la quatrième section.

Sur la troisième section, on taillera à l'épaisseur d'un écu les rameaux à bois *i* et *k*; on cassera les brindilles *q* et *r* à trois ou quatre pouces de longueur; les autres productions sur cette troisième section resteront intactes.

Sur la deuxième section, les rameaux *g* et *f*, qui avaient été taillés à l'épaisseur d'un écu, ont produit des brindilles que l'on cassera à trois ou quatre pouces; et les brindilles *o* et *p*, qui avaient été cassées, ont été garnies de boutons très-renflés; au-dessous, près du talon de cette deuxième section, sont des dards, des rosettes, plus ou moins près de fleurir.

Sur la première section, toutes les productions sont à fleurs, sinon celles qui près du talon ont les yeux très-gonflés.

On traitera la deuxième section comme on a traité la première, la troisième comme la seconde, et la quatrième comme on a traité la troisième, jusqu'à la dernière section; toutes recevront le même traitement, ayant pour but de les garnir successivement de productions fruitières; c'est au temps et à l'âge de l'arbre à faire le reste.

Nous ne faisons point mention ici de petites irrégularités qui pourraient survenir pendant le cours de la végétation, parce qu'il faudrait entrer dans des détails qui empêcheraient de saisir aussi bien l'ensemble de notre méthode, dont on ne saurait trop se pénétrer pour bien tailler les arbres.

Plus tard il deviendra nécessaire, sur les sections le plus anciennement établies, de remplacer çà et là quelques boutons à fleurs et quelques bourses par des rameaux à bois, ou plutôt par des brindilles ou des lambourdes, afin d'attirer la sève dans les branches, qui s'épuiseraient à toujours porter des fruits. Ainsi on voit par nos répétitions que la taille du poirier est toujours la même, attendu que toujours aussi la marche de la végétation de ces arbres est la même.

C'est d'après cette observation que nous avons fixé la taille du poirier, qui est une pour l'établissement et le prolongement de toutes les branches, quelle que soit la forme donnée à l'arbre.

Le raccourcissement du rameau de prolongement à moitié ou au tiers environ de sa longueur a pour but de faire ouvrir tous les yeux du rameau au-dessous de la partie raccourcie : autrement les yeux du bas de ce rameau s'oblitèreraient, la branche resterait dégarnie et faible par rapport à son étendue, la sève et les fruits y seraient très-inégalement répartis.

Nous supprimons les rameaux à bois, inutiles à la charpente de l'arbre, en les taillant à l'épaisseur d'un écu, afin de substituer à ces rameaux à bois des productions fruitières; autrement ces rameaux deviendraient un obstacle à la forme de l'arbre, feraient confusion, et jetteraient du désordre dans la répartition de la sève.

Les brindilles sont raccourcies de 12 à 15 cent., afin que les yeux du talon de ces brindilles qui n'ouvriraient pas, s'arrondissent et se façonnent en boutons à fleurs; autrement les fleurs naîtraient à l'extrémité des brindilles, trop minces pour supporter, sans rompre, le poids des fruits. D'ailleurs les fruits sont toujours plus beaux, plus assurés et mieux nourris, étant placés près du corps de la branche.

Quant à la charpente de l'arbre, il n'y a point de jardinier tant soit peu intelligent, qui ne soit en état de faire naître sur un arbre sain, en le rabattant, plus de rameaux à bois qu'il n'en faut pour en former la charpente selon la forme voulue, et dont on aura soin de laisser le modèle sous ses yeux ; autrement un jardinier qui travaille un arbre sans un plan arrêté, au lieu de le diriger, est lui-même dirigé par la végétation de l'arbre.

Les branches formant la charpente peuvent être parallèles entre elles comme dans une palmette, ou disposées en rayons comme dans un éventail et autres ; dans ce dernier cas, plus elles s'allongent, plus elles laissent d'espace vide entre elles ; on remplit cet espace en établissant une ramification sur la branche. Le jardinier a seulement besoin de savoir qu'une bifurcation ne doit jamais être formée par un bourgeon placé immédiatement au-dessous du bourgeon terminal, mais bien à une certaine distance, comme à moitié de la section ; autrement la sève se porterait avec trop de véhémence sur un seul point, cesserait d'être aussi utile aux productions inférieures ; et l'égalité de son cours, que nous cherchons à maintenir dans toutes les parties de l'arbre, serait rompue. D'ailleurs la branche de bifurcation doit avoir dès son début, et conserver toujours, une infériorité de force très-marquée entre elle et la branche qui lui donne naissance.

Le but que nous nous sommes proposé par notre méthode est de rendre la culture du poirier aussi simple et aussi facile que celle de la vigne lorsqu'elle est dirigée en cordons, sans qu'il faille déployer plus d'intelligence pour l'une que pour l'autre. Nous croyons avoir atteint ce but en ayant dirigé le cultivateur de manière à ce qu'il n'éprouve jamais la moindre indécision dans le travail que nous lui prescrivons. Ainsi l'application des diverses opérations de la taille se réduit à un simple mécanisme qui n'a à s'exercer que sur des productions que le jardinier a fait naître, où il a voulu qu'elles fussent, et pour chacune desquelles il lui est assigné un traitement spécial, connu, et qui ne peut varier sensiblement.

CULTURE

DE

LA VIGNE DANS LES JARDINS.

Notre intention n'est pas de faire un traité sur la culture des vignobles; l'objet principal de ce traité est la culture de la vigne dans les jardins, et le but que nous nous sommes proposé est de fournir aux nombreux propriétaires de maisons d'agrément les moyens d'exécuter par eux-mêmes, ou de faire exécuter sous leur direction immédiate, les améliorations faciles dont cette culture est susceptible, et que l'indifférence et l'esprit de routine font presque généralement négliger.

Nous adopterons la méthode de culture suivie à Thomery, parce que nous l'avons pratiquée en grand dès 1804, lors de la restauration de la treille impériale du château de Fontainebleau. Cette circonstance nous a fait étudier à Thomery les procédés de culture suggérés à ses habitants par un sol peu favorable à la maturité du raisin. Cette assertion étonnera sans doute beaucoup de personnes qui se sont persuadé, sans examen à la vérité, que la réputation du raisin de Thomery était due exclusivement aux qualités toutes particulières du terrain. Cette croyance aveugle a été jusqu'ici un obstacle au perfectionnement de la culture de la vigne dans nos jardins, en ce sens qu'elle a empêché qu'on imitât le mode de culture suivi à Thomery. Il est à propos, à cet égard, que l'on sache que le vignoble de Thomery et ceux environnants produisent un très-mauvais vin. Les cultivateurs de ces cantons ont eu à lutter, même pour leurs raisins de treille, contre une maturité tardive; ils ont surmonté cet obstacle par la culture, en mettant la vigne dans une situation qui la force de mûrir hâtivement son bois, et par conséquent son fruit, aussi bien que par une égale répartition de la sève dans toutes les parties de la plante. Leurs autres procédés de culture découlent de ceux-ci; d'où il résulte que leur méthode ne ressemble en rien à celle pratiquée ailleurs.

Quoique le sol de la treille royale de Fontainebleau soit aussi différent de celui de Thomery que de celui des environs de Paris, il a suffi de cultiver cette treille comme à Thomery pour lui faire produire de meilleurs et de plus beaux raisins qu'à Thomery même; ce qui est dû au sol infiniment supérieur, à quelques perfectionnements de culture, et aux soins que nous avons exigés, et que les cultivateurs de Thomery ne pourraient donner à leurs vignes, à cause qu'ils sont toujours surchargés d'ouvrage.

Les propriétaires auront à combattre l'esprit de routine de leurs jardiniers, et la fatale croyance où ils sont que c'est le sol seul, et non la culture, qui fait produire de bons raisins. Nous les invitons cependant à réfléchir que, si le sol de Thomery était aussi favorable à la vigne qu'ils le supposent, les habitants de Thomery n'eussent rien changé à leur antique culture; mais comme il en est tout autrement, il faut bien croire qu'ils y ont été déterminés parce que le sol ne répondait pas à leur attente, et que, ne pouvant le changer, ils se sont décidés à changer la culture, et ils en ont imaginé une nouvelle tout-à-fait différente de l'ancienne, je veux dire de celle que nous suivons encore. Dès ce moment ils ont quitté la routine pour entrer dans les voies du perfectionnement, qui donne à leurs récoltes une prépondérance incontestable, tandis que nos jardiniers, plus habiles sous d'autres rapports, suivent encore l'antique routine pour la culture des treilles.

DESCRIPTION DE LA VIGNE.

Notre vigne est un arbrisseau sarmenteux, garni de mains ou de vrilles à l'aide desquelles il s'attache aux murs ou aux autres arbres.

Le bois de la vigne est recouvert de deux écorces, dont celle extérieure est, sur le jeune bois, d'une couleur plus ou moins foncée, suivant celle du fruit, et présente des fibres longitudinales qui se détachent facilement; l'écorce intérieure est au contraire très-adhérente au bois, lequel est lui-même dur et sans aubier perceptible, cette observation a fait dire aux auteurs anciens, et aux modernes, qui les ont vraisemblablement crus sur parole, que, *celle plante n'ayant ni liber ni couche corticale, la sève monte également des racines à l'extrémité supérieure des rameaux par toutes les parties du bois, au lieu de passer, comme dans les autres arbres, entre l'écorce et la partie ligneuse; d'où il suit* (disent-ils) *que la vigne seule peut être greffée sans avoir besoin du contact des deux écorces.* Il sera d'autant plus nécessaire de relever cette dernière erreur, qu'elle a été adoptée par des auteurs très-estimés.

Les bourgeons de la vigne sont garnis de nœuds saillants, dont chacun porte d'un côté un œil et du côté opposé une grappe, ou une vrille, ou rien.

Les feuilles sont alternes, divisées en cinq lobes inégaux, dont les bords sont dentelés irrégulièrement. Elles sont portées par des pétioles ou queues fortes, grosses, longues, cylindriques, de même nature que le sarment dont elles sont le prolongement. Chaque queue présente à son insertion deux yeux : l'un petit, que l'on nomme faux bourgeon, se développe en même temps que la feuille ; et si, dans une vigne vigoureuse, on le laisse subsister, il donne naissance à plusieurs bourgeons inutiles qui se développent au préjudice du fruit. L'autre œil, gros, obtus, enveloppé d'une bourre très-fine et très-serrée, recouverte d'écailles, ne s'ouvre qu'après l'hiver ; il est toujours double et quelquefois triple.

Au printemps, presque tous les yeux formés l'année précédente s'ouvrent et produisent à leur tour d'autres bourgeons. Les bourgeons qui sont d'une force modérée portent dans leur partie inférieure depuis une jusqu'à trois grappes, et dans certaines espèces jusqu'à cinq et six ; celle du talon est presque toujours la plus forte. Lorsque la sève arrive avec trop d'abondance, la grappe dégénère en vrille.

On distingue l'avortement de la coulure. L'avortement a lieu lorsque l'acte de la fécondation est incomplet : dans ce cas, les grains sont sans pépins, ils n'atteignent pas la moitié de leur grosseur ordinaire, mais ils sont plus délicats au goût, et mûrissent plus tôt que les autres. La coulure entraîne la perte complète d'une partie des grains et quelquefois même de la grappe entière ; elle est occasionnée par les pluies froides et continues dans le temps de la floraison : alors la corolle ne se détache point, les étamines restent collées, ne peuvent lancer leur poussière, et la fécondation n'a pas lieu. Outre les circonstances atmosphériques, la coulure peut encore être occasionnée par une maladie particulière de la plante (la gerçure). Toutes les fois que la floraison de la vigne a lieu par un temps pluvieux, mais accompagnée de soleil et de chaleur, la fécondation n'en est pas moins complète, et le fruit réussit parfaitement. On a prétendu mal à propos garantir

5.

les vignes de la coulure en leur enlevant un anneau d'écorce au-dessous du fruit (1).

La fleur de la vigne répand une odeur suave, principalement le soir et le matin, lorsque le temps est calme et chaud. Elle est petite, et composée d'un calice bordé de quatre ou cinq onglets, de quatre ou cinq pétales verts disposés en rose qui demeurent longtemps fermés, de quatre ou cinq étamines chargées de poussière fécondante qui s'échappe au moment de l'épanouissement de la fleur. L'ovaire devient, comme l'on sait, une baie charnue, fondante, qui varie de grosseur, forme, couleur, odeur et saveur, suivant les différentes variétés; elle est couverte d'une peau lisse et mince, et renferme depuis un jusqu'à cinq pépins, presque ligneux, en forme de larme.

Le raisin contient, outre la semence, deux substances très-différentes, la pulpe et la résine colorante. La pulpe forme le muqueux, le suc du raisin, et n'est généralement point colorée (2). La résine colorante est adhérente intérieurement à la peau; elle conserve une espèce d'âcreté, malgré la maturité du fruit; la fermentation de la cuve développe, divise et mêle avec le suc du raisin toutes les parties de cette résine, ce qui cause la colorisation du vin (3).

---

(1) L'anneau cortical employé pour hâter la maturité des fruits ne doit et ne peut se pratiquer que lorsqu'ils sont noués. Cette opération ne peut donc empêcher la coulure; elle réussit très-bien sur la vigne, mais elle est très-variable dans ses effets. Nous avons vu de certaines années où elle n'avançait la maturité que d'une manière très-peu sensible, et d'autres où elle la devançait de trois semaines. L'anneau pour la vigne se pratique immédiatement au-dessous du fruit; si on le place entre deux grappes, il en résulte que la plus basse n'est quelquefois pas encore arrivée à sa grosseur que celle au-dessus de l'anneau est mûre.

Cette opération est une preuve évidente que la sève monte par les étuis médullaires, descend par les écorces, et n'y monte pas, puisque le bourrelet que la sève forme, tendant à fermer la plaie, est sur la lèvre supérieure de l'anneau, et qu'il n'y en a point sur celle inférieure. Lorsque l'anneau a été enlevé de bonne heure, et qu'il est peu large par rapport à la grosseur du bourgeon, ou qu'il y a dans l'arbre un grand mouvement de sève, la plaie est promptement fermée; mais, si on enlève de nouveau l'écorce qui la recouvre, on trouvera que le bois qui avait été mis à découvert est très-noir, et que cette couleur s'étend plus loin, en se dégradant insensiblement et également des deux côtés de l'anneau.

(2) On sait que la pulpe de l'espèce dite *teinturier* fait exception, et qu'elle et si fortement colorée, que, dans certains cantons, on la cultive pour donner de la couleur au vin.

(3) L'art de faire du vin blanc avec du raisin noir n'était pas encore généralement

La grappe est formée de plusieurs grapillons ou bouquets, dont les supports sont attachés dans un ordre alterne sur la queue ou rafle. Cette rafle, ainsi que les vrilles, sont de même nature que les parties constituantes des bourgeons. Il y a des espèces vigoureuses où la grappe est surcomposée.

Les racines de la vigne sont plutôt chevelues et latérales que pivotantes; elles sont creusées par le bout, percées d'une infinité de petits trous ou pores, et elles ont en général peu de volume relativement à l'étendue du cep; d'où l'on a inféré que cette plante pompe plus de matières nutritives par ses feuilles que par ses racines; cependant le moindre retranchement fait à celles-ci produit des effets très-sensible sur la vigueur de la plante.

MANIÈRE DE VÉGÉTER DE LA VIGNE.

Avant de vouloir tailler et gouverner la vigne, il est indispensable de connaître sa manière de végéter, afin de pouvoir seconder ses dispositions naturelles où s'y opposer efficacement si elles contrarient trop nos projets, sous le rapport de la forme à laquelle nous voulons l'assujettir et des produits que nous désirons en obtenir.

La vigne porte toujours son fruit sur le bourgeon de l'année, c'est-à-dire que la grappe et le bourgeon se trouvent encore au printemps renfermés dans la même bourre. (On appelle bourre de la vigne ce que l'on nomme œil dans les autres arbres.) Ainsi, à cette époque, la vigne commence par pousser le bois sur lequel sera attaché la grappe qui mûrira à l'automne. Chaque printemps aussi fait ouvrir tous les yeux formés sur le bois de la pousse précédente, à moins que les bourgeons n'aient pas été taillés ou qu'ils l'aient été trop longs; dans ce cas, les yeux de leur talon ne s'ouvrent pas et s'affaiblissent; mais ils ne perdent pas entièrement leur faculté végétative.

Chaque œil de la vigne est toujours accompagné d'un ou de deux sous-yeux, qui, en cas d'avortement ou de gelée, remplacent l'œil

---

connu au douzième siècle : car un moine de Saint-Denis nommé Guillaume, le même qui a donné la Vie de Suger, écrivait à ses amis que, près de Châtellerault, il avait vu, non sans surprise, faire du vin blanc avec du raisin noir.

principal, ils se développent quelquefois tous les trois, et portent des grappes lorsqu'on les laisse subsister; leur développement est plus tardif que celui de l'œil principal.

La vigne a la faculté de percer son vieux bois dans tous les endroits où il y a eu le rudiment d'un œil.

D'après cette manière de végéter, il est évident qu'une vigne abandonnée à sa nature se dégarnirait successivement chaque année par le bas pour porter vers le haut ses nouveaux bourgeons. D'un autre côté, tous les yeux s'ouvrant à la fois, la sève, trop inégalement partagée, ne produirait que des bourgeons grêles, incapables de donner de bons fruits.

Ainsi les produits d'une vigne abandonnée à elle-même sont nuls; l'art de la culture et celui de la taille sont donc indispensables pour la vigne, qui, sous ce rapport, est une véritable conquête de l'homme. Heureusement sous sa main elle devient aussi féconde que docile. Si même elle était moins facile à conduire, on ferait plus d'efforts pour chercher ce qui lui convient le mieux; mais elle s'accommode de presque toutes les cultures, elle vit toujours malgré les mauvais traitements, et ce n'est que par la comparaison de ses produits que l'on peut juger quelle est, parmi les différentes manières de la cultiver, celle qui lui est la plus favorable suivant le terrain, l'exposition et le climat où elle se trouve.

DES TERRES PROPRES A LA CULTURE DE LA VIGNE.

L'espèce de terre la plus favorable à la végétation de la vigne est sans contredit une terre franche, saine, riche, conservant sa fraîcheur naturelle pendant les chaleurs de l'été. Les pousses d'une vigne plantée dans un tel sol sont d'une vigueur extraordinaire, et le fruit a les plus belles apparences; nous en avons vu pousser, la seconde année de leur plantation, des sarments de onze pieds de long, et, la troisième, de vingt-et-un pieds. Cependant un pareil terrain ne serait nullement favorable aux qualités du raisin. Il paraît constant que celles-ci sont en raison inverse de la force végétative de la plante, ou du moins, pour qu'elles soient les meilleures possible, la végétation doit être égale dans toutes les parties de la plante et en rapport avec l'intensité et la durée de la chaleur atmosphérique. Si la plante ne contient pas une abondance de sève capable de résister à l'action de la chaleur, elle languit, meurt ou reste, stérile; mais si, au contraire, elle attire plus de sève que la chaleur atmosphérique ne peut en élaborer, le bois ne prend point de consistance, la sève continue toujours de s'élancer avec force et rapidité vers le haut des bourgeons sans refluer vers les grappes, et celles-ci, quoique très-grosses, sont aqueuses et dépourvues de principe sucré.

Ainsi, toute terre qui conserve beaucoup de fraîcheur est généralement un obstacle à la maturité et aux qualités du raisin, quoiqu'elle soit favorable à l'accroissement du bois. Une terre douce, légère, en pente, laissant écouler les eaux et retenant la chaleur, est celle qui convient le mieux à la culture de la vigne pour les produits.

CONSIDÉRATIONS SUR LA NÉCESSITÉ DE L'ÉGALE RÉPARTITION DE LA SÈVE DANS LA VIGNE.

Lorsque nous recommandons l'égale répartition de la sève dans les arbres, nous n'avons pas seulement pour but de les soumettre plus facilement aux formes que nous voulons leur imposer, mais encore de donner à leurs productions toute la perfection dont elles sont susceptibles, et aux récoltes une régulière abondance.

Les cultivateurs de Thomery ne doivent en partie la grande supériorité de leurs fruits et de leurs récoltes qu'au bon emploi qu'ils savent faire de la sève en la distribuant également sur chaque cep de leurs vignes. L'intelligence ou peut-être l'instinct qui a dirigé ces cultivateurs à cet égard, est d'autant plus admirable que la vigne se soumet à toutes les formes, sans qu'il soit nécessaire de s'occuper, comme pour les autres arbres, du balancement de la sève. Il a fallu qu'ils aient pressenti, puis reconnu, qu'une égale répartition de la sève dans toute la plante était moins nécessaire à la forme de l'arbre qu'à la perfection des fruits, sur lesquels elle a des effets extrêmement remarquables; aussi est-elle observée par ces cultivateurs avec une grande exactitude, tandis que nos jardiniers semblent ignorer tout-à-fait son utile influence. Ils savent seulement qu'ils peuvent se passer de cette répartition de la sève pour soumettre sans obstacle la vigne à toutes les formes qu'ils veulent lui donner. Ils abusent tellement d'une docilité qui les trompe, que l'on pourrait croire qu'ils ont pour but principal, dans la culture de la vigne, de répartir la sève de la manière la plus inégale sur toutes les parties de cette plante; aussi voyons-nous que la différence des récoltes est en raison de la différence des cultures.

Pour mieux faire comprendre comment les cultivateurs de Thomery parviennent à une égale distribution de la sève dans la culture de la vigne, jetons d'abord un coup d'œil rapide sur la manière tout opposée dont la plupart des jardiniers traitent cette plante. Si la tige de la vigne est destinée à atteindre le haut de l'espalier, ils se hâtent de l'y conduire; et aussitôt que les sarments destinés à former les cordons commencent à se développer, ils les étendent de toute leur longueur, se contentant, lors de la taille, d'en retrancher la moitié et de supprimer tous les yeux qui sont sur le dessous du cordon, ne laissant se développer que ceux placés sur le dessus; à la pousse, ces yeux ouvrent en autant de bourgeons, tous d'une force très-inégale : ceux de l'extrémité sont très-vigoureux, et ceux près de la tige sont très-faibles. Au printemps suivant, ces jardiniers allongent encore les cordons de manière à leur faire acquérir très-promptement 8 à 10 mètres d'étendue; puis ils taillent tous les sarments qui sont sur les cordons à un ou deux yeux, ce qui établit des coursons; ce sont de ces coursons que sortiront désormais chaque année les bourgeons de la vigne. On conçoit que les canaux séveux des coursons de l'extrémité des cordons sont plus larges et peut-être plus multipliés que ceux près de la tige, d'où il résulte que les bourgeons, qui naîtront sur ces coursons ainsi établis, conserveront toujours entre eux une inégalité de force qui devient pour toujours un obstacle insurmontable, dans toutes les parties de la vigne, à l'unité de végétation si nécessaire à la perfection de ses produits.

Les cultivateurs à Thomery agissent bien différemment : ils établissent les coursons successivement, et toujours très-lentement, de manière à ce que chaque nouveau courson n'ait de vigueur en plus sur son voisin que celle inévitable due à sa position, mais qu'on parvient facilement à neutraliser par le pincement. Les cordons de leurs vignes ont au plus 1 m. 33 cent. d'étendue de chaque côté, et chaque pied de vigne ne porte que deux cordons : ainsi la différence de vigueur entre les bourgeons de l'extrémité et les bourgeons près de la tige n'est jamais très-sensible, et le pincement a toujours assez d'efficacité, sur une aussi petite étendue, pour faire refluer la sève depuis l'extrémité du cordon jusque vers la tige. L'effet d'une égale distribution de la sève dans toute la plante a pour résultat très-prononcé une maturité hâtée et complète du bois et des fruits en même temps ; ce qui est un double avantage, parce que la maturité parfaite du bois assure toujours celle des fruits, et prépare pour l'année suivante une abondante récolte.

DE LA COUPE.

La coupe des bourgeons à raccourcir ne doit jamais être faite près d'un œil, parce que, le bois de la vigne étant sujet à mourir jusqu'à une certaine distance de cette coupe, il pourrait arriver que la *mortalité* gagnât jusque sous l'œil, l'affamât ou le fît périr ; d'ailleurs, si le bourgeon était trop près de l'extrémité, il serait exposé à être très-facilement décollé par le vent. On prévient tout inconvénient en taillant à trois ou à quatre lignes au-dessus de l'œil. Il est essentiel que la surface inclinée de la coupe soit opposée à l'œil terminal, afin que celui-ci ne soit pas mouillé par les pleurs ; ce qui lui serait nuisible, surtout s'il survenait des gelées. On taillera sur des yeux latéraux ou tournés vers le mur, de façon que les bourgeons puissent être facilement palissés. On aura soin de couper les bourgeons à supprimer très-près de l'insertion de celui sur lequel on rabat, afin de faciliter le recouvrement de la plaie ; et dans le cas où il n'y aurait pas de semblables suppressions à faire, il faudrait toujours rabattre de la même manière l'onglet de la taille précédente. On ne doit pas oublier, en taillant, que, la vigne n'ayant pas d'aubier sensiblement apparent, ses plaies sont très-difficiles et très-longues à se cicatriser ; il importe donc de faire les amputations avec précaution et netteté, et surtout d'éviter d'en faire d'inutiles. On aura soin de couvrir d'onguent de Saint-Fiacre les plaies un peu considérables.

Beaucoup de personnes qui ne voudraient pas se servir de sécateur pour tailler leurs autres arbres fruitiers s'en servent pour tailler la vigne ; nous les invitons à réfléchir que la vigne, ayant peu de moyens de recouvrir les plaies qui lui sont faites, semblerait devoir être très-ménagée à cet égard, surtout lorsqu'il s'agit de la suppression d'un bourgeon près de l'insertion d'un autre, ou seulement du ravalement des onglets. On comprend combien il importe alors de se servir pour ces opérations d'un instrument très-tranchant.

On a peu de ménagements, en général, pour la vigne, parce que, quel traitement qu'on lui fasse subir, sa végétation n'en paraît pas affectée ; mais ce sont les produits qu'il faudrait consulter, on s'apercevrait qu'ils accusent toujours les mauvais traitements et le mauvais emploi de la sève. Le sécateur est plus expéditif, il est vrai, mais il est aussi fatal à la vigne qu'aux autres arbres fruitiers.

DE L'ÉBOURGEONNEMENT.

L'ébourgeonnement s'exécute lorsque le développement des nouveaux bourgeons est commencé, et consiste à couper avec un instrument tranchant tous les bourgeons faibles, excepté ceux destinés à remplacer ou à concentrer les coursons ; on supprime aussi les bourgeons doubles ou triples, et même ceux portant fruit, qui n'auraient pas assez de vigueur pour l'amener à maturité, ou qui seraient trop chargés relativement à l'âge ou à la faiblesse du cep.

On retranche, en un mot, tous ceux qui feraient confusion au pallissage et qui ne seraient pas utiles aux produits de l'année ou nécessaires à la taille de l'année suivante, et l'on ne conserve communément sur chaque courson qu'un ou deux bourgeons portant fruit.

Un ébourgeonnement prématuré produit les mêmes effets qu'une taille tardive, en donnant lieu à des épanchements de sève trop abondants. On attendra donc, pour supprimer les bourgeons trop nombreux ou ceux mal placés, que la sève se soit formé de nouveaux canaux en développant une quantité suffisante de feuilles, et qu'elle ait déjà pris une certaine consistance. Ces bourgeons ne seront point retranchés jusqu'au ras de l'écorce ; mais on aura soin de leur laisser un petit talon garni d'une feuille, sauf à rabattre celui-ci à la taille d'hiver, s'il y a lieu.

L'ébourgeonnement de la vigne est indispensable ; il doit être successif et répété autant de fois qu'il devient nécessaire. Il arrête toujours la végétation de la plante sur laquelle on l'opère, et cette suspension est plus ou moins prolongée, suivant le nombre des bourgeons supprimés ; c'est pourquoi il ne faut pas en ôter trop à la fois lors de la floraison.

L'ébourgeonnement des vignes plantées et taillées suivant nos préceptes est presque nul : chaque courson ne conserve qu'une ou deux pousses.

Quant à l'ébourgeonnement des vignes plantées à de grandes distances, il n'a lieu que lorsque les bourgeons ont acquis de 32 à 40 centimètres de longueur, et par conséquent assez d'étendue pour avoir de la consistance ; autrement on ferait perdre inutilement à ces vignes vigoureuses une trop grande quantité de sève.

On sera très-exact à supprimer, au fur et à mesure de leur développement, les ailerons ou entre-feuilles qui sortent dans les aisselles de chaque feuille. Pour cette opération, on doit saisir le bourgeon principal de la main gauche, afin de l'assujettir, et de la droite, en commençant par le haut, on prend chaque bourgeon anticipé en le tirant en contre-bas : il se détache presque toujours avec facilité ; mais si l'on avait trop attendu, et qu'il fut ligneux, il faudrait le couper.

DE L'ÉVRILLEMENT.

L'évrillement des grappes s'effectue de bonne heure, et dans les années d'abondance on doit même supprimer les grappillons dont les fortes grappes sont ordinairement accompagnées, et qui nuiraient à leur accroissement et à leur qualité. Le retranchement des vrilles est nécessaire, parce qu'elles consommeraient une grande quantité de sève au détriment du fruit et du bois, surtout dans les chasselas, où elles sont très-longues ; elles auraient aussi l'inconvénient de rendre, par leur enlacement, le pallisage long et difficile. Dès que les bourgeons ont développé deux ou trois vrilles, il faut être soigneux de les supprimer lorsqu'elles sont encore herbacées, parce qu'elles peuvent être coupées avec les ongles : on ne doit jamais les arracher ; le moindre mal qui en résulterait serait une perte de sève. Si on les laisse devenir ligneuses, il faut de toute nécessité se servir de la demi-serpette ; alors l'opération devient longue. Les vrilles ne doivent pas être coupées au ras de l'écorce ; il faut toujours leur laisser un petit talon de 5 millimètres de longueur. On répète l'évrillement autant de fois qu'il est nécessaire.

DU PINCEMENT.

Le pincement est très-utile pour la culture des arbres fruitiers en général, et particulièrement pour celle de la vigne. Les habitants de Thomery en font usage avec beaucoup de succès et d'intelligence.

Il a pour effet de suspendre momentanément la pousse des bourgeons sur lesquels on le pratique, ce qui favorise la formation de tous les yeux et boutons de ce bourgeon, en raison de leur proximité de l'endroit pincé. Cette opération accélère par conséquent la maturité de ce même bourgeon, qui devient plus tôt ligneux et solide, et favorise d'autant les bourgeons voisins qui ne sont point pincés.

On conçoit qu'il ne faudrait pas pincer de trop bonne heure, parce que les yeux du talon, mûrissant trop promptement, pourraient s'ouvrir avant les gelées et détruire l'espoir de l'année suivante. Si au contraire on ne pinçait pas du tout, et qu'en même temps on entretint par des engrais et des arrosements multipliés la végétation et le développement des bourgeons jusqu'aux gelées, alors les extrémités de ceux-ci se trouveraient fatiguées, tandis que les boutons du talon seraient avortés : il faut donc prendre un juste milieu entre ces deux extrêmes.

Le but du pincement est de concentrer la sève sur les cordons, en fortifiant les yeux inférieurs, afin de pouvoir y asseoir la taille avec avantage.

A Thomery, on pince les bourgeons d'une vigne formée lorsqu'ils ont 50 centimètres, c'est-à-dire lorsqu'ils atteignent le cordon immédiatement supérieur, qu'on ne leur laisse jamais dépasser; ainsi on les arrête sur le huitième ou neuvième œil. Les bourgeons faibles qui n'atteignent pas le cordon sont pincés à des hauteurs variables; le but n'est plus alors de les arrêter, mais bien de fortifier, selon le besoin, les yeux de remplacement.

Une vigne de trois ans de couchage est pincée du onzième au treizième nœud; et les jeunes vignes qui ne sont pas encore en cordon le sont du douzième au quinzième œil, suivant les localités.

Il arrive souvent que les bourgeons de l'extrémité des cordons attirent à eux toute la sève, et que ceux plus près de la tige languissent. On rétablit promptement l'équilibre (qu'il eût mieux valu ne point laisser rompre) en pinçant à plusieurs reprises les forts bourgeons. Le pincement sert donc aussi à régler la force respective des bourgeons d'un même bras. On pincera huit jours plus tôt les bourgeons des extrémités.

Comme les treilles de la plupart des jardins sont plantées à de grandes distances; elles poussent plus vivement; ce qui force à mettre 66 centim. d'intervalle entre les cordons. Malgré cet espacement, les bourgeons s'élancent encore au-delà, et on ne croit pouvoir les arrêter qu'en coupant l'excédant lorsqu'ils sont devenus ligneux. Cette opération s'appelle *rogner la vigne*.

Il y a trente ans que les habitants de Thomery conduisaient encore leurs treilles de cette manière; mais, depuis qu'ils ont obtenu des variétés de chasselas dont le bois est moins gros et les yeux moins écartés, et surtout depuis qu'ils ont planté à des distances plus rapprochées, le pincement seul leur a suffi, ainsi qu'on vient de le dire, pour régler la végétation des coursons; bien entendu que ces coursons ont été formés lentement et successivement.

DU PALISSAGE.

L'inclinaison des bourgeons de la vigne ne parait pas avoir d'influence marquée sur la force de leur végétation. Ainsi, lorsqu'une treille ne sera pas formée en cordon, on pourra sans inconvénient étendre ses pousses sur le mur telles qu'elles se présenteront, de manière à le garnir et à bien exposer les fruits. Il n'en serait pas de même des branches de tout autre arbre, sur le développement desquelles une direction plus ou moin inclinée produit des effets très-sensibles.

L'époque du palissage est indiquée par la croissance des bourgeons et le besoin de les attacher, afin d'empêcher qu'ils ne soient décollés ou rompus par le vent. On doit commencer par ceux qui sont destinés à former des tiges; on attache ensuite les bourgeons destinés à former des bras. Les jeunes vignes doivent être palissées les premières, puisqu'elles poussent plus vigoureusement.

Les premiers liens seront volants, afin que le bourgeon qui croit en grosseur ne soit ni gêné ni blessé. On ne fixera définitivement les bourgeons que lorsqu'ils seront devenus assez ligneux pour supporter cette opération. On s'exposerait à casser les pousses vigoureuses si l'on voulait leur faire changer brusquement de direction; il faut les y amener graduellement, et l'on n'y parvient quelquefois qu'à la deuxième année.

On veillera à ce que les bourgeons ne se glissent point entre le treillage et le mur, et jamais on ne les croisera l'un sur l'autre.

Chaque bourgeon vertical des vignes disposées en cordons et plantées selon notre méthode recevra deux attaches : l'une sur la latte intermédiaire, et l'autre sur celle du cordon supérieur, que les bourgeons ne devront pas dépasser.

RETRANCHEMENT DES GRAPPES.

Quelque temps après le premier palissage, on doit retrancher, surtout si l'année est abondante, une partie des grappes qui, trop nombreuses, mûriraient difficilement. On doit aussi supprimer la grappe la plus élevée sur les bourgeons qui en auraient trois; on retranche même quelquefois les grappes provenant des sous-yeux lorsque le bourgeon est trop faible pour les nourir ou lorsqu'on a intérêt à le conserver. L'époque la plus favorable pour ces suppressions est celle où le grain est déjà de la grosseur d'un pois. C'est aussi l'époque de desserrer les grains sur les grappes, ce qui fait grossir davantage ceux qu'on laisse.

Cette opération aura dû être précédée par la recherche des chenilles d'un sphinx qui se retire de préférence dans les grappes à grains serrés, où il s'enveloppe de fils-soyeux, qui retiennent l'humidité dans les années pluvieuses, et font pourrir la grappe (1). On éclaircira aussi les grains trop serrés des muscats et autres, qui mûrissent difficilement faute de cette précaution.

ÉPAMPREMENT.

On est dans l'usage d'effeuiller la vigne pour faire prendre au chasselas des treilles, bien exposées, les couleurs vives et transparentes que le soleil seul peut produire ; ceux qui viennent à l'exposition nord ne sauraient les acquérir, et se distinguent par là très-facilement dans les marchés.

Il faut une certaine expérience pour saisir le moment favorable d'effeuiller. Si l'on épampre trop tôt, le raisin ne mûrit plus; il reste aigre, grisonne et durcit. Si l'on effeuille trop tard, lorsque le raisin est mûr, il ne se colore plus. On évite ces deux écueils en

---

(1) Cette recherche des vers est une opération assez considérable, et à Thomery elle est exécutée avec soin, chaque année, par des femmes et des enfants.

s'y prenant à trois fois différentes et en commençant lorsque le raisin est mûr aux trois quarts. Dans le doute, il vaudrait mieux opérer trop tard. L'épamprement modère le cours de la sève; il pourrait même l'arrêter si l'on en faisait abus.

Pour bien effeuiller sans endommager le pétiole ou la queue, dont la conservation est nécessaire pour la nourriture des fruits et des boutons, il faut prendre la feuille entre les deux premiers doigts en appuyant le pouce dessus, et lever subitement le poignet, afin de la séparer net du pétiole à l'endroit de son insertion sur lui. Il n'y a que les ouvriers sans expérience qui se servent des ongles ou de la serpette. D'ailleurs les feuilles sans pétiole qu'on retire par ce moyen sont plus propres à l'emballage des pêches et autres fruits.

Vingtième planche;

TRAITÉ DE LA VIGNE EN ESPALIERS.

De la disposition des murs et des treillages.

Les murs sont à la même hauteur que ceux des arbres, 2 mètres 80 centimètres à partir du sol jusqu'à la saillie, en tuiles de 16 centimètres. Je considère comme très-avantageux pour la vigne, les saillies en tuiles, quand elles ne sont pas exagérées; car j'ai vu des saillies de 24 à 25 centimètres à des murs de trois mètres de hauteur; le cordon du haut se trouvant trop ombré, surtout dans les murs du levant, fait que les raisins restent toujours verts. Tous mes murs pour recevoir les treilles sont établis de la même manière. Ce mur est treillagé en fil de fer, par dix courants horizontaux, pour former cinq cordons de vigne, le premier posé à 40 centimètres environ du sol; quand les cordons en sont trop rapprochés, les grandes pluies portent préjudice aux raisins par la terre qu'elles font jaillir dessus. J'avais planté mes espaliers primitivement à 24 centimètres du sol, distance trop approchée de la terre pour la vigne. A mesure que je les renouvelle, je les mets à 40 centimètres, et ce moyen est plus satisfaisant. La distance d'un fil de fer à l'autre est de 25 centimètres, ce qui donne un intervalle de 50 centimètres d'un cordon à l'autre. Le cinquième cordon est placé sur le neuvième brin de fil de fer, et le dixième pour

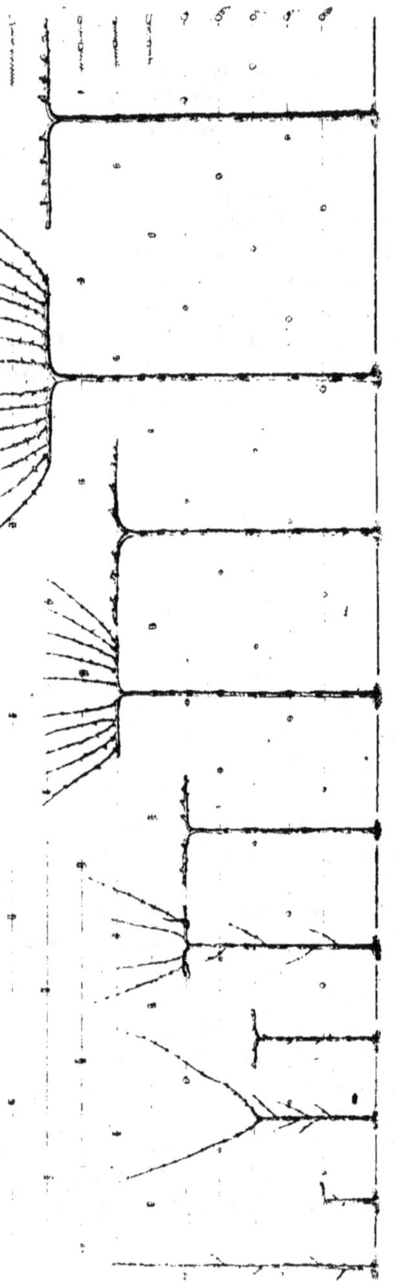

recevoir le palissage. Cependant si un mur n'avait que 2 mètres 60 centimètres de hauteur, un peu plus ou un peu moins, on pourrait reporter les neuf carreaux dans la hauteur du mur. — 25 centimètres d'un carreau à l'autre est une hauteur très-convenable pour qu'il n'y ait pas confusion dans les bourgeons, mais en cas d'urgence on pourrait les restreindre de 2 à 3 centimètres chacun.

De la préparation du terrain.

La vigne n'a pas besoin de grands préparatifs pour la plantation, surtout dans un terrain riche; dans un terrain aride, brûlant ou tufier, le défoncement est nécessaire, mais seulement de 40 à 45 centimètres de profondeur sur une largeur de 2 mètres 50 centimètres : cela dépend de la largeur que l'on veut donner à la plate-bande, en y rapportant des fumiers courts ou tout autre engrais que l'on mélange avec l'ancienne terre. Le fumier, comme l'on voit, est de première nécessité; il n'y en a jamais de trop dans les mauvais sols, surtout pour les plantations. Le défoncement plus profond ne serait pas nuisible, mais il coûte fort cher.

Du plan propre à la plantation sans désignation de variétés.

N'importe la vigne que l'on désire planter, il faut se munir de bons sarments :

1° Soit des brins de l'année.

2° Soit des crossettes : on entend par crossette une jeune pousse de l'année où il y a un peu de vieux bois de l'année précédente.

3° Soit des brins de l'année qui ont été enterrés et sont enracinés, qu'on appelle *marcottes*.

Et 4° ou des marcottes faites en mannequins. Pour faire ces marcottes, on introduit par le fond du mannequin un brin de sarment de l'année attenant à un cep de manière à ce que ce brin soit à peu près dans le milieu du mannequin : on peut en faire autant qu'il y a de brins de sarment suffisamment longs à un cep. On remplit ensuite le mannequin de terre bien préparée; puis on l'enterre plus ou moins profondément, cela dépend de l'emplacement. On coupe l'extrémité supérieure du sarment, qui est introduit dans le mannequin, pas moins de deux yeux s'il est possible, pour que cette marcotte n'ait pas moins de deux brins pour l'avantage de la plantation.

La bonne saison pour faire cette opération est au moment où l'œil commence à se développer, ce qui arrive ordinairement en mars et en avril. Je dis de le faire en ce moment, parce que plus on fait ce travail avancé en saison, moins les mannequins se pourrissent, et plus ils sont portatifs au moment de la plantation.

De la plantation.

Elle doit se faire ordinairement en février et en mars, en automne même si on le désire.

Beaucoup de personnes plantent des espaliers en brins de l'année ou des crossettes, quand elles n'ont pas la facilité de faire des marcottes, ni les moyens de s'en procurer. Pour faire cette plantation, on ouvre, à 1 mètre du mur, un rayon de 40 centimètres de largeur, sur 30 à 35 de profondeur. Cela suffit pour la culture ordinaire; mais, pour la culture de primeurs, il faut planter un peu plus profond, dans le cas où l'on voudrait introduire dans la terre de la plate-bande des pots de fraisier ou autres, afin que le chauffage ne porte pas préjudice à la vigne.

On prépare ensuite le sarment en le coupant à 1 centimètre de l'œil, sans biseau : c'est au nœud où est le premier œil que se développent les racines. On introduit ensuite ce sarment transversal, en prenant bien garde de le casser dans la cambrure; on recouvre le sarment d'un peu de terre, et on continue la plantation en mettant chaque plant à 30 ou 50 centimètres l'un de l'autre. Le travail terminé, on comble presque entièrement de bonne terre, et on cultive soigneusement le rayon dans le courant de l'année.

L'année suivante, on ouvre de nouveau le rayon, en ayant soin de ne pas couper les racines, on introduit du fumier et on recomble le rayon. Quand cette plantation est bien faite et bien entretenue, il n'y a qu'une année de retard sur la plantation enracinée.

J'ai aussi planté de la vigne en demeure, et je m'en suis bien trouvé; cependant, dans les terres légères, il faut préférablement ne pas planter à moins d'un mètre, surtout encore quand on veut à côté établir des contre-espaliers.

De la plantation en marcottes enracinées ou marcottes en mannequins.

La plantation doit se faire également à un mètre du mur. Au lieu de faire un rayon, on fait un trou, avec la bêche ou un autre outil, en forme de V, de 30 à 35 centimètres de profondeur, de manière à espacer les brins de sarments à 40 centimètres les uns des autres du côté du mur. On aura soin de creuser plus profondément l'emplacement du mannequin, pour que le pied soit suffisamment chargé de terre, et on continue l'opération; on comble ensuite les trous, et on cultive soigneusement la plate-bande. L'année suivante, on peut fumer de nouveau les jeunes marcottes, afin d'obtenir un prompt résultat. Au bout de deux ans, on peut coucher ces plantations au pied du mur, comme on peut, au bout de trois ans, coucher celles plantées en crossettes : les deux opérations bien soignées, il ne doit y avoir qu'une année de retard pour les crossettes, comme je l'ai dit plus haut.

Du couchage des ceps, tant au pied du mur qu'aux contre-espaliers.

On commence par faire une tranchée à partir du premier cep, en forme de V, de 30 à 35 centimètres de profondeur, jusqu'au mur, de manière que deux brins du cep arrivent au mur, espacés de 40 centimètres l'un de l'autre, distance que doivent avoir tous les ceps, tels que les cinq premiers figurés à la planche *XX*e, page 78, cotés 1, 2, 3, 4 et 5. Les autres ceps ne sont pas distancés dans les mêmes proportions, parce que j'ai voulu figurer chaque cep en pousse et le même en taille, à côté. J'ai employé ce moyen pour éviter de faire quatre planches séparées, de différents âges. Cette planche remplira le même but, les explications étant bien données. Comme il y a trop de ceps pour remplir l'espalier du mur, tous les deux ou trois ceps, on en disposera d'un pour faire le contre-espalier, qui sera établi à 2 mètres 33 centimètres du mur, en faisant à contre-sens une petite tranchée à la bêche, de la même profondeur. Comme il ne doit y avoir que deux cordons au contre-espalier, un cep suffira tous les 1 mètre 33 centimètres. L'opération terminée, on taille les jeunes sarments à 15 ou 16 centimètres de terre, comme ils sont figurés et cotés à chaque cep, à la lettre *a*. Je préfère ne tailler ces jeunes sarments qu'à cette hauteur, pour faire, l'année suivante, une belle disposition de cordons.

*Démonstration des ceps en pousse et en taille, comme ils sont figurés sur la planche XX*e*, page 78.*

Le cep coté n° 1, a fait une pousse d'environ 2 mètres. On doit considérer tous les ceps du mur comme ayant fait une pareille pousse. Pour la diriger et la maintenir, on se sert de petits osiers ou de jonc pour faire des attaches, soit pour les murs à treillage en bois, ou bien soit pour le treillage en fil de fer, on attache à la loque sur des murs disposés à cet effet. On doit avoir bien soin d'ôter les faux bourgeons qui poussent ordinairement à côté de chaque œil, ainsi que les vrilles, comme il y en a de figurées dans la nouvelle pousse qui compose ce cep. Ces faux bourgeons s'emparent d'une partie de la sève du maître bourgeon, et causent un grand préjudice à sa nourriture et à celle des raisins.

De la Taille du cep, n° 2; première taille.

Il faut d'abord diriger les cordons par série, tels qu'on les voit figurés sur la *planche XXe*, page 78, et principalement sur la *XXIe*, page 88, qui représente tout-à-fait la plantation régulière et les plantations qui doivent être faites.

On commence par couper le sarment à 50 centimètres environ, de manière à être à 3 ou 4 centimètres au-dessus du premier treillage. On incline, comme l'on voit, l'extrémité du sarment du côté où l'œil est placé, en dessous à droite; quelquefois on le cambre à gauche, cela dépend de la position de l'œil : il est indifférent que l'inclinaison soit à gauche ou à droite au premier. On attache ensuite ce sarment incliné, avec de petits osiers. Cet œil par conséquent doit faire la pousse du cordon à droite, et l'œil au-dessous, du côté opposé le cordon à gauche. Il faut faire en sorte, autant que possible, qu'il n'y ait pas une grande distance d'enfourchement, ce qui rend la direction vicieuse à l'œil, que les yeux ne soient pas trop éloignés l'un de l'autre, ni qu'ils ne soient pas trop au-dessus du treillage où le cordon doit être placé. J'ai souvent été obligé de tailler au-dessous du treillage pour avoir l'année suivante les yeux plus rapprochés et faire un moins grand enfourchement; cela retarde il est vrai d'une année la disposition du cordon, mais il faut réunir, autant que possible, l'agréable à l'utilité. Les yeux les plus près de la taille sont toujours plus rapprochés l'un de l'autre que ceux qui en sont éloignés; ainsi il en est de même de tous les autres cordons à former; par ce motif, il est assez rare de préparer les cinq cordons : cela est même impossible. Quand même la vigne pousserait jusqu'au haut du mur, il faut toujours deux ans; cela dépend de la disposition des yeux, comme je viens de le dire.

Des horticulteurs laissent le sarment droit jusqu'à l'extrémité sans le courber. Il ne faut pas employer ce moyen, parce que le sarment ayant deux ans est beaucoup plus difficile à courber pour bien le disposer à former le cordon; il arrive même assez souvent d'en casser.

D'autres horticulteurs emploient un autre moyen. Quand la vigne pousse très-vigoureusement, ils étêtent le bourgeon à la distance où l'on veut avoir les cordons; les yeux quelquefois se développent, mais très-souvent ils restent dans l'inaction.

Il y en a encore qui profitent des faux bourgeons ou aisselles. Ce moyen est tout-à-fait à rejeter, attendu qu'ordinairement les premiers yeux des faux-bourgeons sont très-éloignés les uns des autres, et donneraient une distance, des premiers coursons auprès de la fourche, d'au moins 30 à 35 centimètres. Il faut donc expressément admettre le système, tel qu'il est figuré sur la planche. C'est d'après une longue expérience que je donne la préférence à ce moyen qui est infaillible.

De la pousse de deux ans ; côtée n⁰ 3.

On doit considérer que toute la série des cinq cordons est de la même manière, puisque deux ceps en pousse et en taille représentent une planche.

D'après le cep n⁰ 2, on voit ce qu'il a produit en pousse. Les deux bourgeons terminaux se sont bien développés. Il faut toujours à cet âge, laisser pousser les extrémités, pour ne pas faire arrêter le développement des racines, car on doit bien se pénétrer qu'en tourmentant la vigne, quand elle pousse et qu'elle est jeune, on l'empêche de faire une belle végétation : il faut avoir soin seulement d'ôter les faux-bourgeons et les vrilles. J'ai laissé quatre petits bourgeons sur la tige, à l'effet d'obtenir quelques grappes de raisin ; ce moyen convient assez aux propriétaires pour commencer un peu à jouir du produit de leur travail ; mais au fond je préfère éborgner les yeux de la tige, quand ils commencent à vouloir se développer. Les coursons qu'on laisse, quand on les enlève plus tard, sont autant de plaies sur la tige. La vigne, comme on sait, n'est pas délicate, mais les plaies provenant de coursons enlevés, soit avec sécateur soit avec la serpette, ne se recouvrent jamais ; c'est pourquoi je n'engage pas à en laisser. L'ébourgeonnement des faux-bourgeons ainsi que le palissage, ont été faits comme je l'ai indiqué ; les quatre petits bourgeons ont été pincés, pour ne pas prendre trop de sève, aux deux principaux bourgeons, qui sont de la plus grande importance pour faire les cordons.

De la taille du cep coté n⁰ 3, représentant le cep taillé n⁰ 4.

On laisse seulement dans l'intérieur de la tige deux coursons ; les autres branches ont été taillées à trois yeux à partir de la dernière taille; la coupe se fait à environ 1 centimètre de l'œil terminal. Il ne faut jamais tailler trop près de l'œil; ce bois moelleux est plus sujet aux effets de la gelée que les poiriers, pommiers, etc. Peu importe de faire le prolongement des cordons avec l'œil de dessous ou l'œil de dessus, pourvu toutefois que cela remplise le but désirable de la distance des coursons qui doivent être de 12 à 15 centimètres l'un de l'autre. J'estime autant que les coursons ne soient pas trop éloignés l'un de l'autre, pour qu'au lieu de laisser deux bourgeons sur un courson, on n'en laisse qu'un.

Il arrive souvent dans les vignes très-vigoureuses que, à l'endroit où l'on doit tailler, c'est-à-dire à trois ou quatre yeux, comme je l'ai indiqué, si les deux derniers yeux de dessus étaient trop éloignés l'un de l'autre pour faire les coursons à l'avenir, on n'en taille pas moins pour cela à l'œil de dessus, en ménageant l'avant-dernier œil de dessous pour faire, l'année suivante, le prolongement du cordon et supprimer le sarment de l'extrémité qui est au-dessus; par ce moyen, on rapproche les coursons à une distance raisonnable : c'est le seul moyen de parvenir à la régularité et à la production.

De la pousse de 3 ans, cotée n° 5.

Ce cep est tout-à-fait le même, figuré en pousse, que celui coté n° 5, à l'exception qu'il a un an de plus. Les soins et le les principes qui lui ont été appliqués sont les mêmes, je ne répèterai pas ce qui vient d'être dit.

De la taille du cep, coté n° 5.

A cet âge, on fait disparaître entièrement les coursons du tronc; les cordons deviennent assez importants pour prendre toute la sève du cep. On commence par tailler les deux sarments du milieu à un œil au-dessus du talon; on coupe ensuite les deux petits sarments de dessous au ras du cordon, parce que l'on ne doit jamais faire de coursons au-dessous, même sur les côtés. Les coursons doivent toujours être au-dessus si l'on veut avoir de beaux et de bons cordons, parce qu'il est très-rare qu'un courson, sur le devant, n'emporte pas toute la sève qui se trouve dans cette direction. Ensuite on coupe avec la serpette les onglets cotés a, vieux bois de l'ancienne taille, en entamant le moins possible le bois vert. On coupe ensuite les deux sarments, à trois yeux, de la taille dernière pour servir de prolongement, on les incline, comme on voit, le plus horizontalement possible, afin de faire moins de petits crochets sur les cordons. Il faut avoir pour principe de ne jamais laisser plus de trois ou quatre yeux de taille aux extrémités; si on en laisse quatre, c'est dans l'intention de rapprocher, ainsi que je l'ai déjà expliqué, pour avoir de belles treilles, biens garnies de coursons, rapportant beaucoup et donnant de beaux fruits. Il vaut beaucoup mieux planter rapproché; on a plus d'extrémités, et on récolte plus qu'en exagérant la longueur des tailles.

De la Pousse de 4 ans, côtée n° 7.

Comme ce cep commence à avoir un peu d'importance, il est urgent de faire l'ébourgeonnement, car plus le cep prend d'âge, plus il pousse de petits bourgeons inutiles, tant sur le tronc que sur le talon des coursons, et même sur le dessous des cordons; enfin, il y a un examen général à faire. C'est dans le courant de mai que ce travail doit être fait; il ne faut pas attendre plus tard, parce que toute la sève, que ces bourgeons inutiles prennent, est de moins pour ceux qui restent. C'est avec le doigt que l'on fait éclater ces petits bourgeons, n'en laissant qu'un ou deux au plus à chaque courson. Il arrive souvent que l'on n'a nul égard aux bourgeons qui ont des grappes; quand ils en ont tous, on choisit les bourgeons les mieux placés pour faire les coursons l'année suivante : le coursonnement dépend des premières années. Cependant dans des années infructueuses, on laisse des bourgeons qui ont des grappes et qui ne sont pas très-bien placés, pour récolter le fruit; mais à la taille on les supprime.

On régularise ensuite les jeunes bourgeons, au moyen des pincements, quand ils arrivent au deuxième courant de fil de fer, où le courant doit y être fixé pour qu'ils ne s'y confondent pas; par ce moyen on n'a jamais d'encombrement d'un cordon dans l'autre. C'est à ce moment qu'il ne faut pas négliger l'extraction des faux-bourgeons qui se développent aux aisselles, ainsi que l'évrillage.

Quant au palissage, on incline les bourgeons comme on le voit à la planche, de manière à flatter l'œil d'abord, et ensuite à donner de l'air dans l'intérieur des cordons. Il faut profiter de l'emplacement autant qu'on le peut.

De la taille du cep n° 8, qui représente le cep en pousse du n° 7.

Comme il a été dit à la taille du n° 6, on coupe tous les brins de sarments de l'intérieur à un œil et le talon, en ne laissant qu'un seul brin à chaque courson. On doit toujours n'en laisser qu'un. Les deux brins de sarments, cotés *a* et *b*, doivent être taillés sur le talon. On opèrera ainsi tous les ans; en voici les motifs : la sève se porte habituellement avec plus d'abondance aux extrémités; par conséquent, si on taillait ces deux brins à un seul œil et le talon, il en résulterait que l'œil du haut se développant avec force, celui du talon s'annulerait ou pousserait très-faiblement, par conséquent le courson se trouverait élevé dès la première année, et causerait un détriment au débourrage des yeux de la dernière taille : c'est un avis que je conseille de suivre très-exactement. Quant aux deux prolongements de cordons, on les taille à trois ou quatre yeux, comme il est expliqué à la taille du cep n° 6. On les incline ensuite horizontalement, on les attache avec de l'osier, et on enlève les petits onglets de la taille précédente.

De la pousse de 5 ans, côtée n° 9.

D'après la démonstration qui a été faite, il reste peu de chose à dire pour éviter les répétitions. Comme on voit, il n'est pas difficile d'arriver à élever et à tenir la vigne par cordons et à la bien diriger avec toute la simplicité possible. J'espère que cette planche remplira le but si elle est bien comprise.

L'ébourgeonnement a été fait de manière qu'il ne reste qu'un brin ou deux à chaque courson; il y aura encore suffisamment de fruits. Admettons que chaque bourgeon ait deux grappes, il y aurait une production de trente ou trente-deux grappes : ce serait une récolte avantageuse pour un cep de cinq ans de couchage. Les pincements ont été faits au fur et à mesure que les bourgeons l'exigeaient; ce qui ne peut se faire pour les bourgeons les plus vigoureux qu'au-dessus des grappes qui ne se développent quelquefois qu'à 2, 3, 4 et 5 feuilles. Ce moyen s'emploie quand il y a des bourgeons aux extrémités qui emportent presque toute la sève, et que les coursons inférieurs du cordon restent dans l'inaction. Mais enfin, ayant soin de bien ôter les faux-bourgeons et les vrilles, on arrive à faire répartir la sève en égale proportion.

De la taille du cep n° 9, représentant celui taillé n° 10.

La taille se fait toujours de même ; on commence par éplucher à la serpette sur chaque courson, les petits onglets qui proviennent de l'ancienne taille : on ne saurait trop prendre de précautions pour ce petit travail. Mal épluché, le courson, en croissant, enveloppe ces petites parties de bois mort, et cause donc une détérioration au courson ; on coupe à ras du cordon les deux brins de sarments côtés *a* et *b*, et afin de remettre le courson sur lui-même ; on taille après tous les sarments à un œil et le talon comme on le voit : excepté les deux avant-derniers de chaque extrémité, que l'on taille sur le talon, comme il a été expliqué pour la taille du cep n° 7. Ensuite on coupe les sarments pour prolongement de cordons à trois yeux de l'ancienne taille, toujours à 1 centimètre de l'œil terminal ; on incline ensuite ces extrémités horizontalement le mieux possible et on attache avec de petits osiers.

Quand les murs sont élevés au-delà de 3 mètres, comme sur les pans d'une maison et les pignons, où l'on peut établir jusqu'à dix ou douze cordons, il y a intérêt à faire deux cordons à chaque cep. En voici le motifs : en plantant les ceps à 40 centimètres l'un de l'autre, comme il est expliqué à cette planche, chaque cep a à parcourir 8 mètres 80 centimètres, il faudrait donc trop de temps pour élever un espalier, à moins que l'on ne plante les ceps à 20 centimètres l'un de l'autre. A cette distance, il y aurait un inconvénient très-grave par la multiplication des ceps trop rapprochés, et des racines qui seraient en confusion les unes sur les autres ; ce qui porterait un préjudice considérable à la végétation. Aussi je recommande de faire deux cordons à chaque cep dans l'intérêt du produit. Voici les moyens d'y parvenir :

On taille les ceps à 6 ou 8 centimètres, cela dépend de la position des yeux, au-dessous de la ligne de chaque cordon que l'on veut établir, afin que l'année suivante les yeux qui doivent faire les cordons soient près les uns des autres, et qu'il n'y ait un long intervalle d'enfourchement pour ne pas porter préjudice à la symétrie. L'œil d'en haut doit faire le prolongement pour établir le second cordon ; on y parvient en le courbant comme il est figuré et expliqué à cette planche ; ainsi de cep en cep jusqu'au cinquième s'il y a dix cordons, et jusqu'au sixième s'il y en a douze ; ensuite recommencer la série. Par ce moyen on a un espalier de vigne régulièrement établi et très-productif.

Vingt-unième planche,

REPRÉSENTANT LA POUSSE ET LA TAILLE D'UNE VIGNE EN ESPALIER LE LONG D'UN MUR TREILLAGÉ EN BOIS.

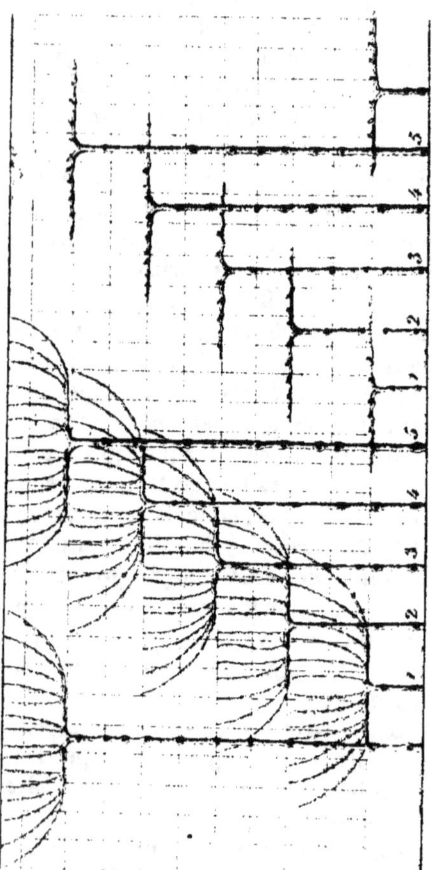

Cette planche représente tout à la fois les espaliers des vignes en cordons que je possède plus ou moins avancés en âge. Il sont plantés comme on le voit à 40 centimètres l'un de l'autre, tel que je l'ai indiqué à la planche dernière sur la plantation.

De l'ébourgeonnement. — Tous les bourgeons qui poussent sur la tige ainsi que sur les courants ont été ôtés ; cependant, quand un courson prend de l'élévation ; on laisse un petit bourgeon à la base du courson lorsqu'il s'en développe, pour qu'à la taille suivante on rabatte entièrement l'ancien courson ; à moins que le jeune sarment ne soit trop faible. Dans ce dernier cas, on le taille à un œil seulement, et on ne rabat le courson que l'année suivante ; c'est le seul moyen de parvenir à maintenir les coursons toujours rapprochés du courant. Les pincements, l'ébourgeonnement et l'évrillage ont été faits comme je l'ai déjà indiqué, il n'est donc resté que les bourgeons nécessaires pour la production.

Avant le palissage général, on commence par attacher tous les bourgeons des extrémités des cordons, parce que ce sont ceux-là qui poussent plus vigoureusement. Cette opération terminée, pour ne pas être pris par le travail multiplié que demande la vigne, quand on en possède beaucoup, tout arrivant à la fois, on fait une revue générale sur tous les espaliers. On pince les bourgeons qui arrivent auprès du cordon supérieur, on ôte les faux-bourgeons et on évrille bien soigneusement afin que les bourgeons ne se mêlent pas. Quant à l'évrillage, il ne faut pas couper les vrilles moins d'un centimètre de la queue de la grappe. Après cette opération, on a tout le temps nécessaire pour faire les palissages.

Quant au palissage, il faut éviter de croiser les bourgeons les uns sur les autres, et de ne pas envelopper les grappes dans les feuilles. On doit avoir bien soin de retirer les grappes qui se trouvent derrière les treillages, ce qui les rend difformes, les empêche de profiter : on éprouve des difficultés et de la perte pour les retirer quand le fruit est mûr.

De l'effeuillage. — Quand les raisins commencent à mûrir et à bien s'éclaircir, on enlève les feuilles qui sont derrière les grappes le long du mur, pour faciliter la libre circulation de l'air ; on retire aussi toutes les feuilles qui sont appliquées sur les grappes, en ayant soin de ne toucher à celles-ci que le moins possible, pour ne pas les défleurir. Tous les Horticulteurs doivent savoir que les grains des grappes qui sont encombrées de feuilles restent ordinairement verts, à moins que cela ne soit dans le midi de la France, où il fait excessivement chaud et où les feuilles servent à préserver de la trop grande chaleur ; mais dans notre climat, il n'en est pas ainsi. On pourrait même, au moment du palissage, commencer à ôter quelques feuilles qui enveloppent les grappes sans que cela leur portât aucunement préjudice, attendu qu'elles s'habituent à l'air libre : il ne faut pourtant pas abuser de l'effeuillage.

Lorsqu'arrive le moment de la cueille, on enlève quelques feuilles, sur le devant, pour que le raisin prenne de la couleur. Il ne faut pas les enlever toutes, comme le font beaucoup de cultivateurs, car on porte préjudice à la maturité des raisins. J'établis pour principe que plus on effeuille à des époques différentes, plus parfaitement on arrive à aider la maturité des fruits et à les colorer.

De la taille de cette vigne.

Je ne pourrais que répéter ce que j'ai dit à l'occasion de l'autre planche; je recommande de plus de passer les cordons par derrière les tiges, des ceps passant devant, ils prendraient une direction désagréable.

J'ai pensé qu'il était inutile de faire une planche pour les contre-espaliers, je vais indiquer le moyen de les établir convenablement.

Les contre-espaliers ont presque toujours deux cordons, il faut donc pour les former, prendre quatre courants, figurés en bas de cette planche, soit en bois ou en fil de fer. Le quatrième courant de treillage est à 1 mètre 15 centimètres au-dessus du sol qui forme la hauteur du contre-espalier. Il faut donc pour le constituer avoir de bons pieux, soit en bois d'acacia, de chêne ou de châtaignier, le tout sans aubier et débités à la scie, d'environ 1 m. 65 cent. de longueur sur 8 à 9 centimètres carrés. Après avoir fait faire la pointe pour faciliter l'entrée dans la terre, ou avoir fait pratiquer un trou pour le recevoir brut, on fait brûler, c'est-à-dire charbonner la partie qui doit être mise en terre, afin que le champignon ne s'y mette pas, de manière qu'il ait 1 mètre 10 centimètres hors terre, et que le courant du haut soit à 1 mètre 15 centimètres, comme je l'ai dit, et qu'il reste au-dessus du courant 5 centimètres pour attacher les clous. Les pieux bien dressés, on pose le premier courant à 40 centimètres de terre, suffisante élévation pour que la pluie ne jaillisse pas sur les raisins : ce courant est destiné à recevoir le premier cordon. Le second courant doit être posé à 25 centimètres pour servir au palissage des bourgeons; le troisième à la même distance de 25 centimètres pour recevoir le deuxième cordon, et le quatrième courant à la même distance, en ayant, comme il est dit, 5 centimètres au-dessus, pour attacher les clous.

Comme on a planté les ceps des espaliers, faisant cinq cordons à 40 centimètres l'un de l'autre, ce qui fait 2 mètres à parcourir pour chacun, il ne doit y avoir que deux cordons aux contre-espaliers; en les plantant à deux mètres l'un de l'autre, ils auraient la même distance à parcourir que ceux des murs. Malgré cela, il faut planter à 1 mètre 33 centimètres pour avoir davantage d'extrémité et jouir plus tôt de l'avantage des fruits; on est toujours bien maître de diriger des contre-espaliers. Quant à la disposition pour les traiter, soit pour la taille ou toute autre opération qui s'y rattache, c'est absolument la même chose que pour les espaliers.

Vingt-deuxième planche,

REPRÉSENTANT UNE VIGNE EN ESPALIER PALMETTE.

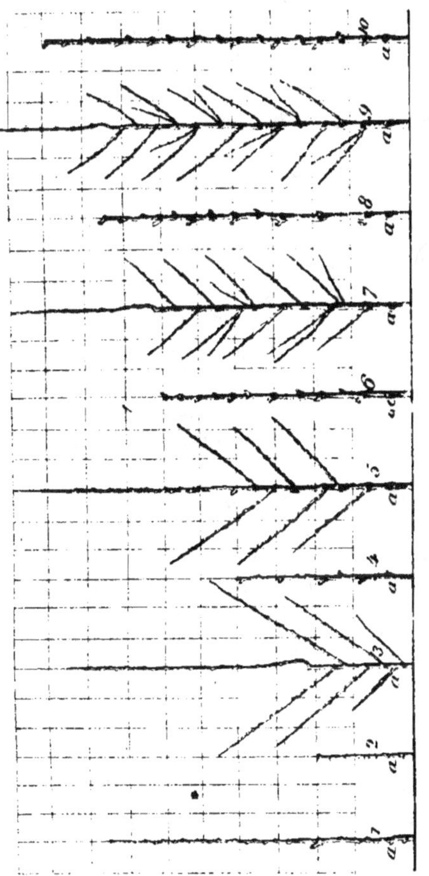

Cet espalier palmette a cinq ans de pousse à partir de la taille cotée *a*, ou 15 à 16 centimètres de terre. La plantation a été faite à 60 centimètres l'un de l'autre de manière à avoir un treillage, à côté de chaque cep, pour faciliter le palissage, telle qu'il est figuré sur la planche. Les deux ceps cotés n° 1 et n° 2, indiquent la première année de pousse et de treille; n° 3 et n° 4, la deuxième année; n° 5 et n° 6, la troisième année; n° 7 et n° 8, la quatrième année, et enfin les n° 9 et 10, la cinquième année de pousse et de taille.

Première année de pousse du cep n° 1.

Le cep a fait une pousse d'environ deux mètres; c'est un couchage d'après une plantation de trois ans. L'ébourgeonnement et l'évrillage ont été faits, ainsi que le palissage d'où dépend seule la direction.

De la taille du cep qui représente le n° 2.

La taille est faite comme on voit à 50 centimètres; cette taille est bien suffisamment longue pour une première année.

Deuxième année de pousse du cep n° 3.

La végétation s'est bien développée. On arrive toujours à obtenir de bons résultats quand on ne veut pas trop faire à la fois; il vaut mieux, comme je l'ai toujours dit, mettre un an ou deux de plus à former un espalier que de se hâter et manquer.

De la taille du cep représenté au n° 4.

La taille se fait de la même manière que celle en cordons, à un œil et le talon, mais il faut que les coursons soient pris de chaque côté et non sur le devant. Quand les ceps sont jeunes et qu'ils poussent vigoureusement, les yeux se trouvent suffisamment éloignés les uns des autres pour que chaque bourgeon puisse faire un courson. On taille la flèche à 50 centimètres de l'ancienne taille, c'est la longueur convenable pour les palmettes qui poussent vigoureusement; mais il n'en serait pas de même dans les terrains où la vigne végète difficilement : dans ce cas une taille de 25 centimètres suffit, afin d'obtenir seulement un courson, de chaque côté, par année.

Troisième année de pousse du cep n° 5.

Il en est de même que pour le cep n° 3, en donnant toujours les soins ordinaires; quelques pincements doivent se faire pour refouler la sève dans les bourgeons inférieurs du cep. A cet âge, comme il n'y a pas charge de fruits, on laisse encore développer plus long les bourgeons afin d'appeler la sève et de faciliter la végétation.

De la taille du cep représentant le n° 6.

Déjà à cet âge, il y a de petits épluchages à faire qu'il faut bien surveiller; quant à l'entretien de la taille, il est comme celui de l'année qui précède.

Quatrième année de pousse du cep n° 7.

On peut déjà commencer à tirer à fruits plus que l'année précédente, et à cet effet j'ai laissé, à l'ébourgeonnement, deux bourgeons sur certains coursons. Quand il en est ainsi, on doit pincer les bourgeons de 30 à 35 centimètres afin de refouler la sève et de mettre à fruit. Le palissage doit se faire à mesure que les bourgeons les plus faibles prennent de la force ; c'est le moyen de bien équilibrer la végétation. Si l'œil terminal ne se développe pas convenablement, il faut avoir recours à un des bourgeons inférieurs pour continuer la flèche.

De la taille du cep représentant le n° 8.

On doit commencer par nettoyer à la serpette tous les petits onglets, enlever ensuite les brins de sarments inutiles en rapprochant le courson sur lui-même. On taille le reste comme à l'ordinaire à un œil et le talon. C'est par suite de l'expérience raisonnée qu'il m'a paru nécessaire de ne pas départir de ce point. La flèche n'est taillée qu'à 25 ou 30 centimètres de la taille précédente ; plus les palmettes prennent d'âge, plus il faut diminuer la flèche dans ses proportions pour concentrer la sève dans les coursons inférieurs.

Cinquième année de pousse du cep n° 9.

Cette palmette est à cet âge dans une position très-productive ; c'est pour cela qu'à l'ébourgeonnement, il n'y a pas d'inconvénient de laisser deux bourgeons à quelques coursons. Tout l'ensemble du travail est le même que pour le cep en pousse coté n° 7. On voit qu'à la naissance, à la taille de la pousse de la flèche comme à toute autre pousse, les yeux se trouvent plus rapprochés les uns des autres. Pour disposer d'une manière convenable les coursons, il faut supprimer quelques yeux, parce que sans cette précaution les coursons se trouveraient trop rapprochés les uns des autres. On voit encore que les bourgeons d'en haut ne sont pas plus forts que ceux d'en bas ; c'est par le moyen des pincements et de l'ébourgeonnement réitérés qu'on parvient à ce bon effet.

De la taille du cep représenté au n° 10.

Je crois avoir suffisamment démontré tout ce qui se rattache à la vigne en palmette ; des soins assidus pour le travail suffisent avec ce que j'en ai dit. J'ajouterai seulement que de ces deux manières de diriger la vigne, tant pour l'élégance de la forme que pour le produit, j'estime plus particulièrement celle en cordon, comme étant d'un plus grand avantage pour le produit ; cela doit se comprendre. Malgré tous les soins que l'on peut porter à la palmette, la sève tend toujours à se porter à l'extrémité d'un tige verticale plus qu'à l'extrémité d'une tige horizontale ; c'est ce que l'on remarquera, parce que dans les palmettes les coursons du bas s'éteignent souvent, surtout dans les terrains où la vigne pousse très-vigoureusement ; la sève si abondante dans cette essence se porte toujours aux extrémités et finit par abandonner entièrement la partie inférieure. Cet inconvénient arrive très-rarement dans les vignes dirigées en cordons où la sève circule horizontalement. On peut, par cette forme, toujours la guider. Un autre point, c'est que chaque cordon a deux extrémités, et que c'est toujours aux extrémités que le fruit se porte plus abondamment ; la palmette n'en ayant qu'une, il y a donc désavantage sous plusieurs points, d'après l'expérience que j'en ai acquise.

De la greffe de la vigne.

On emploie le moyen de greffer la vigne quand un espalier est bien établi et pas trop vieux, quand des ceps ne conviennent pas par leur mauvaise nature, ou quand on désire avoir des variétés, soit comme produit, soit comme agrément.

On peut greffer la vigne en fente ou en écusson, quand le sarment n'est pas trop gros ; mais de tous les moyens, c'est la greffe en navette qui présente le plus d'avantages. Elle doit se faire dans le courant de mars ou d'avril, c'est-à-dire quand la végétation commence à se développer. On coupe le cep près de terre, ou à toute autre hauteur, suivant la disposition du cep ou de l'endroit où l'on veut greffer. On fend à un ou deux endroits en entaille sur les côtés, cela dépend des greffes que l'on veut y mettre, sans fendre le cep dans tout son diamètre. On ouvre cette entaille avec la pointe de la serpette ou avec un petit coin de bois, pour introduire la greffe, que l'on prépare de la manière suivante. On coupe un sarment de l'année, de 5 à 6 centimètres de longueur, sur lequel il y ait un œil vers le milieu ; on fend le sarment en deux ; la partie du côté de l'œil doit être taillée en biseau plus pointu par le bas de l'œil, pour que la greffe s'ajuste parfaitement dans l'entaille, et que le bois se rapporte bien, afin que la sève puisse y circuler librement ; on enveloppe ensuite avec de la laine le sarment et la greffe, et on met sur la plaie du recepage un peu de cire à greffer ou à défaut un peu de terre franche. Ce moyen présente beaucoup plus d'avantages que d'arracher le cep et d'en planter un autre qui se trouverait altéré par de fortes racines des ceps circonvoisins.

Du recépage de la vigne, quand elle est trop vieille.

J'ai déjà plusieurs fois recépé de la vigne, je puis même dire les deux tiers de mes espaliers, et j'en ai été satisfait. Voici comment j'ai opéré.

C'est ordinairement aux mois de mars et d'avril que je fais cette opération : cela dépend de l'hiver. Je coupe à rase terre les anciens ceps avec une scie à main ; je passe la serpette dessus pour rafraîchir la plaie ; je couvre ensuite les ceps avec un peu de terre meuble, afin que l'air et le soleil ne fassent pas fendre le pied du cep. Comme la sève est en mouvement à cette époque, il ne manque jamais de pousser une quantité de bourgeons au pied. Quand ils ont 40 à 80 centimètres, on en ébourgeonne une partie en laissant les plus beaux ; on a soin de les attacher au fur et à mesure qu'ils grandissent, et d'ôter les faux-bourgeons et les vrilles, car il ne manque pas d'en sortir.

J'ai dit que je faisais cette opération dans le courant de mars et d'avril, parce qu'à cette époque la sève est en mouvement ; tandis que si l'on opérait avant l'hiver, il y aurait à craindre les fortes gelées qui pourraient faire fendre la souche, et parce que le cep resterait dans l'inaction, et que rien ne peut l'appeler à la végétation.

L'année suivante, vers la même époque, ou en automne, si l'on veut, on ouvre un rayon le long du mur, de 40 à 50 centimètres, jusqu'à la souche, pour ne pas être gêné dans le travail ; on commence par un bout ou l'autre du mur, en couchant non-seulement le jeune sarment, mais la souche même ; on place les brins dont on a besoin, et on coupe les autres, ainsi de suite d'un cep à l'autre jusqu'à la fin ; on fume le couchage, si on en a la facilité, quoiqu'il ne manque pas ordinairement de pousser sans cela ; on remplit ensuite le rayon de terre. Il n'y a qu'une année de perdue pour le produit, et l'on refait une vigne en très-peu de temps.

On pourrait profiter de beaux brins de sarments qu'il y a ordinairement de trop, pour renouveler ou faire les contre-espaliers, si on le désirait.

Quand ces vignes deviennent vieilles de nouveau, ce moyen n'est plus applicable, par rapport à la confusion du bois qu'il y a dans la terre provenant des anciens couchages, ce qui porterait préjudice à la végétation. Il faut avoir recours à une nouvelle plantation, qui doit se faire comme je l'ai indiqué à la *planche XXe*, mais, au lieu de planter à 1 mètre du mur, on plante à 2, même au-delà des contre-espaliers, s'il en existe. Quand les ceps sont suffisamment forts, on les laisse pousser le plus possible, afin que les jeunes pousses puissent arriver à 1 mètre 33 centimètres environ du mur, pour que l'année suivante on puisse faire un bon couchage au pied du mur, en arrachant toutes les anciennes souches. Par ce moyen, on récolte la même année, et l'on peut faire les nouvelles dispositions, comme elles ont été expliquées à la *XXe planche*.

Cueille des raisins.

Pour conserver le raisin, on doit le cueillir du 15 septembre au 15 octobre ; cela dépend un peu des années. Les raisins trop mûrs ne conviennent pas non plus. En général il faut, pour une bonne conservation, cueillir tous les fruits en bonne maturité, ni trop tôt ni trop tard, pour qu'ils se conservent et ne perdent pas leur goût ; choisir de belles journées de soleil, afin qu'ils soient bien secs : la bonne conservation dépend en grande partie du cueillage.

Celui qui ne rentre qu'une petite quantité de raisins pour son usage seulement, peut, après l'avoir cueilli et épluché, le déposer sur des planches, au soleil, pendant seulement deux jours pour faire dessécher un peu la rafle, en ayant soin de le couvrir la nuit. Par ce moyen on empêche la rafle de porter au grain de l'humidité, qui le fait d'abord moisir et ensuite en occasionne de la pourriture. Il faut avoir bien soin de prendre les grappes par la queue, tant pour les cueillir et les éplucher, que pour les étendre dans le fruitier ; cette précaution est indispensable afin de les défleurir le moins possible. C'est sur le plancher qu'il faut mettre le raisin pour commencer ; on l'étend ensuite sur les tablettes, en ne faisant qu'un lit de grappes seulement.

Le cueillage des fruits terminé, il faut que le fruitier soit continuellement fermé, à moins qu'il ne vienne quelques belles journées de soleil avec le vent du nord. En cette circonstance, on pourrait ouvrir la croisée quelques heures pour renouveler l'air, et la fermer ensuite. Pour aller chercher et visiter les fruits, il faut avoir soin de fermer les portes sur soi quand l'air est humide.

Les raisins s'accordent assez avec les poires pour la température d'hiver; on n'a pas toujours la facilité d'avoir deux fruitiers distincts. Il n'en est pas de même des pommes, qui portent une odeur très-forte quand elles sont mûres, et sont renfermées et en quantité. Les endroits bas, comme une cave bien saine, ou d'autres endroits, comme un rez-de-chaussée, conviennent beaucoup pour la conservation de ces fruits.

Quand l'hiver est rigoureux, on a recours à une poêle que l'on établit au rez-de-chaussée et dont on fait passer les tuyaux dans le fruitier, en maintenant seulement une chaleur de 3 à 4 degrés centigrades, pour qu'il n'y gèle pas. Quant la gelée est passée, ou avant les gelées, et lorsque le temps est humide, il suffit de retirer l'humidité de l'air, en mettant dans le fruitier un réchaud de braise allumée. Par ces moyens on peut conserver tous les fruits et les raisins fort longtemps.

DESCRIPTION DU POMMIER.

Taille et conduite du pommier.

La végétation naturelle du pommier est en tout point semblable à celle du poirier ; comme lui, le pommier ne développe au sommet de chaque section de ses branches que des bourgeons à bois ; comme lui, il ne donne ses productions fruitières que sur la partie intermédiaire de chaque section, entre le sommet qui ne porte que du bois et le bas qui ne porte rien, parce que ses yeux sont endormis ou oblitérés. Tout ce que nous avons dit des productions fruitières du poirier, pour les lambourdes, les dards, les bourses et les bouquets, s'applique mot pour mot aux productions fruitières du pommier. La taille de ces deux arbres repose sur des principes absolument identiques, nous n'avons donc rien à ajouter pour la taille et la conduite du pommier, après ce que nous avons dit du poirier ; en un mot, les titres de ces deux sections pourraient être transposés sans inconvénient. Nous croyons devoir nous abstenir de reproduire, dans de nouvelles figures, les branches à fruit et les rameaux du pommier, l'inspection des figures analogues pour le poirier suffisant pour s'en former une idée exacte.

Pommiers nains.

Les pommiers greffés sur franc et sur doucain, se taillent et se conduisent en plein vent, en pyramide, en vase et en espalier, comme les poiriers de même forme ; ils ont seulement moins de propension à s'élever et beaucoup plus de souplesse, ce qui tient à la nature moins rigide de l'écorce et à la plus grande abondance du *liber*. C'est pour cette raison que deux branches de pommier croisées l'une sur l'autre, soit qu'elles appartiennent au même arbre, soit qu'elles vivent sur des arbres différents, s'anastomosent inévitablement, et cela pour ainsi dire à tout âge, ce qui rend le pommier très-propre à la greffe en approche. La seule forme qui mérite une mention spéciale, parce qu'elle est particulière au pommier, c'est celle de buisson nain. Ce buisson se prépare sur deux branches dont chacune porte trois yeux bien conformés, comme le poirier en vase, forme que le pommier sur doucain prend également avec la plus grande facilité.

De la taille en pyramide sur pommier.

Le pommier se prête assez volontiers à cette forme; elle est moins employée à son égard que pour le poirier, quoiqu'elle réussisse aussi bien. Il faut observer que le pommier ne souffre que difficilement les grandes amputations, ce qui s'oppose à l'emploi du recépage des branches latérales. La conduite des pommiers en pyramide exige donc encore plus de soins que les poiriers, surtout pour maintenir un égal équilibre de la sève, qui, dans certaines espèces, a une tendance à se porter abondamment dans les branches latérales, aux dépens du prolongement de la tige. Il faut donc, en créant ses branches, s'efforcer de rendre la tige dominante. Ce qui doit être d'un emploi plus répété est, sans contredit, le pincement, qui évite les fortes plaies sur la tige. Si l'on était contraint d'y faire des amputations, bientôt les plaies se multiplieraient, entraveraient le libre cours de la sève et empêcheraient le développement des rameaux placés à l'extrémité de cette tige; la langueur qui en serait la suite rendrait son prolongement impossible.

Suppossons que l'arbre, *XIV planche*, p. 52, soit un pommier, les opérations qu'il a subies feraient craindre que la tige ne fût éventée, et que l'œil destiné à son prolongement ne donnât des résultats fâcheux (1).

Néanmoins, pour ce genre d'arbres, on ne pourrait employer d'autres moyens, puisque celui indiqué est le seul capable de déterminer sûrement la sortie des rameaux vigoureux à la base de la pyramide; et d'autant plus que les entailles, que j'ai également conseillées en pareil cas, peuvent produire les mêmes inconvénients, surtout si elles sont trop multipliées.

---

(1) Cet inconvénient n'est pas à craindre pour le poirier.

DESCRIPTION DE L'ABRICOTIER.

L'abricotier est originaire de l'Arménie. Il est sujet à la gomme. Cet arbre est d'une taille moyenne, très-vigoureux dans sa jeunesse; son existence se prolonge pendant beaucoup d'années lorsqu'on prend le soin de le ravaler sur ses grosses branches. Le bois de cet arbre est dur, veiné de rouge, il est revêtu d'une écorce grisâtre; celle qui enveloppe les racines de quelques variétés, telle que l'abricotier de Hollande, est d'un rouge de corial vif. Ses rameaux sont très-étalés, ils sont garnis de feuilles placées dans un ordre alterne, large à la base en forme de cœur, dentelées sur les bords, portées par de longs pédoncules, dont l'aisselle couvre des yeux simples, doubles, triples et multiples, placés sur un support très-saillant, et très-rapprochés les uns des autres. Les fleurs sont sessiles, groupées le long des rameaux; elles sont blanches, inodores, soutenues d'écailles et d'un calice souvent très-rouge; elles s'épanouissent ordinairement en mars ou en avril, longtemps avant le développement des feuilles, ce qui les expose à être souvent moissonnées par les gelées printanières, qui les saisissent avant même qu'elles soient épanouies.

Les diverses pousses de l'abricotier sont des rameaux à bois et à fruits tout à la fois. Les rameaux de l'année sont garnis de boutons à bois et à fruits entremêlés sur toute leur étendue, très-rapprochés les uns des autres, dans un ordre alterne. Les yeux de ces rameaux se façonnent à fleurs multiples l'année même de la formation du rameau, pour épanouir au printemps suivant; ces yeux sont gros, placés sur un support très-saillant, surtout vers l'extrémité de chaque rameau. Il arrive souvent, lorsque les arbres sont vigoureux, qu'après le solstice d'été, les yeux vers le haut des rameaux ouvrent en petites brindilles de deux à huit pouces de longueur, garnies de boutons à fleurs et à bois; pareille chose arrive aussi quelquefois dans le bas des rameaux vigoureux. Il en résulte que l'abricotier s'épuise en productions tardives qui n'ont souvent pas le temps de s'aoûter et dont les extrémités périssent pendant l'hiver. Cet arbre a une végétation extrêmement irrégulière : tantôt il pousse à peine, et d'autre fois avec excès.

Les branches se dénudent à mesure qu'elles prennent plus d'âge, l'extrémité des lambourdes cesse de pousser, elle se dessèche, noircit et meurt. Tels sont la marche et les accidents de la végétation naturelle de l'abricotier. C'est au cultivateur à prévoir la dénudation des branches en raccourcissant à temps les lambourdes sur un œil à bois placé vers leur insertion. Il doit être attentif à supprimer, avant le mouvement de la sève, tous le bois mort ou mourant, toujours beaucoup au-dessous de la partie morte. Les désordres d'une végétation aussi irrégulière proviennent en grande partie du défaut de circulation de la sève dans un arbre aussi sujet à la gomme que l'abricotier. Cet arbre sera toujours taillé de très-bonne heure ; on apportera le plus grand soin à répartir la sève le plus également possible dans les rameaux, composant la charpente de l'arbre, aussi bien que dans toutes ses parties ; il devient plus nécessaire que cette égalité de force soit maintenue dans l'abricotier que dans tout autre arbre. On doit éviter autant que possible d'être forcé de supprimer des rameaux à la taille ; c'est par le pincement et par l'ébourgeonnement très-suivi que l'on dirigera les pousses de cet arbre et que l'on atteindra ce but. On supprimera par le pincement tous les bourgeons doubles ou triples ; on pincera très-exactement les deux ou trois bourgeons qui se développent ordinairement au-dessous du terminal de chaque rameau un peu fort. On pincera très-court les bourgeons qui sont devant et derrière, et enfin ceux qui sont sur les côtés et qui annonceraient devoir prendre trop de force, pour ensuite les raccourcir à deux ou à trois yeux lors de la taille. On ne laissera développer que les bourgeons qui peuvent trouver place sans faire de confusion et sans rompre l'équilibre de la sève, afin de n'avoir presque rien à supprimer lors de la taille.

Les terres riches et légères sont les plus favorables à la végétation de l'abricotier, dont la tête doit toujours être exposée au soleil et au grand air.

DERCRIPTION DU PRUNIER.

Taille et conduite du prunier.

Le prunier est originaire de la Grèce et de l'Asie. Il est sujet à la gomme comme tous les arbres dont la fibre extérieure de l'écorce est dirigée horizontalement au lieu d'être longitudinalement. Si toutes les fleurs du prunier venaient à bien, l'arbre ne pourrait nourrir tous ses fruits, tant sa floraison est abondante; sa végétation naturelle offre cette particularité que les boutons à fleur s'y forment d'eux-mêmes sur toute la longueur des branches à fruit, sans qu'il soit jamais nécessaire de provoquer par la taille le changement des yeux à bois en boutons à fruit, comme on le fait pour le poirier et le pommier, qui, sans cette précaution, seraient très-peu productifs. Si l'on ajoute à cette propriété naturelle des yeux du prunier celle de former sans aucun secours artificiel une tête gracieuse où les branches sont distribuées souvent avec autant de régularité que si le jardinier avait mis tout son savoir-faire à les disposer par le palissage, on doit en conclure que le prunier sous le double rapport de la production et de la forme, est de tous nos arbres à fruit celui qui a le moins besoin d'être taillé. En effet, le prunier en plein-vent à haute tige, forme qu'on lui donne le plus souvent, ne se taille presque point. Le jardinier, après l'avoir établi sur quatre membres, peut le laisser aller; il n'a plus qu'à le débarasser du bois mort, et à supprimer au besoin les bourgeons qui menaceraient de s'emporter en branches gourmandes. Si la suppression d'une branche gourmande ou la mort d'une bonne branche laisse un vide dans la tête du prunier, il suffit de tailler sur un bon œil à bois deux ou trois des bourgeons de l'année les plus voisins du vide à remplir; il en résultera des bifurcations qui ne tarderont point à produire l'effet désiré.

Prunie en espalier.

La prune, quelle que soit son espèce, mûrit plus tôt à l'espalier qu'en plein-vent; elle est sous ce rapport le contraire de l'abricot, qui pourtant offre avec la prune de nombreuses analogies. Les jardiniers de profession cultivent peu la prune en espalier, ils trouvent un meilleur emploi de leurs murs bien exposés, en les garnissant de pêchers et d'abricotiers. Cependant, on obtient un prix fort avantageux des belles prunes précoces récoltées sur les arbres en espalier : la reine-claude et la mirabelle sont les prunes les plus recherchées et les plus avantageuses pour le jardinier. L'amateur ne doit point dédaigner de leur consacrer une partie de ses murs au midi, s'il tient à les récolter de bonne heure, et au nord-ouest s'il veut prolonger sa jouissance. La conduite du prunier en espalier diffère peu de celle de l'abricotier; seulement, les branches à fruit étant en grand nombre sur le prunier en espalier, et constituant presqu'à elles seules les productions fruitières, on peut sans inconvénient multiplier les membres plus que dans l'espalier d'abricotier, et laisser conséquemment un peu moins d'intervalle entre elles.

Le prunier se prête également bien à prendre en espalier la forme en palmette à tige simple, et en plein-vent la forme en quenouille ou pyramide. Ces dernières formes sont celles sous lesquelles on conduit les pruniers nains élevés dans des pots et forcés dans la serre pour figurer au dessert à l'époque de la maturité des fruits, qui ne perdent rien de leur volume ni de leur qualité, quelque petits que soient les arbres qui les portent. Il n'est point d'amateur ayant une serre qui ne puisse, avec quelques soins, et presque sans dépense, donner cet ornement à ses desserts.

Taille en pyramide sur prunier.

Le prunier offre les mêmes désagréments que l'abricotier; il est cependant moins difficile dans sa formation, et les branches latérales se maintiennent beaucoup plus longtemps sans qu'on soit obligé de les ravaler. Ces arbres, quoique d'une élégance et d'une beauté à ravir, lors de leur floraison, ne peuvent pourtant guère conserver cette forme intacte plus de dix ou douze années, en ce qu'ils ont, comme l'abricotier, le défaut de se dégarnir de rameaux et de *branches* à fruit dans leur intérieur, ce qui contribue à donner des récoltes moins abondantes que s'ils étaient sous la forme en têtard, à laquelle je conseille de donner la préférence.

DESCRIPTION DU CERISIER.

Le cerisier fut apporté par Lucullus, de l'Asie en Italie, l'an de Rome 680. Nous en distinguons aujourd'hui plusieurs espèces, savoir : les merisiers, les guiniers, les bigarreautiers et les cerisiers. Le merisier croît dans les forêts, c'est un arbre élevé dont les branches sont horizontales; les guigniers et les bigarreautiers forment des arbres moins hauts, mais plus gros, et ne se trouvent que dans les endroits cultivés; les rameaux de ces arbres sont gros et pendants. Le fruit du guignier a la chair molle, celui du bigarreautier l'a ferme et croquante. Les cerisiers se divisent en deux sortes : l'une à rameaux droits, et l'autre à rameaux flexibles et pendants.

Taille et conduite du cerisier.

Le cerisier a encore moins besoin que le prunier d'être taillé. La taille, sur quelque arbre qu'on opère, a pour but de donner au sujet une forme convenable et de provoquer sa mise à fruit. Le cerisier se met à fruit de lui-même, et prend naturellement la forme qui convient le mieux à son mode de végétation; comme il est encore plus sujet à la gomme que l'abricotier et le prunier, il *craint le fer* comme ces deux arbres, et ne doit être privé de ses grosses branches qu'en cas d'absolue nécessité. Lorsqu'on l'élève en plein-vent, une fois que sa tête est commencée sur quatre bonnes branches, il n'y a plus à s'en occuper; toute branche morte ou endommagée peut être remplacée par le développement des yeux qui ne manquent jamais de percer l'écorce, quel que soit l'âge du bois.

Cerisier en espalier.

Les cerisiers d'espèces précoces se plantent avec avantage à l'espalier; ils y sont d'une fertilité prodigieuse; leur produit n'est guère moins lucratif que celui d'un bon espalier de pêcher ou d'abricotier. Rien n'est plus agréable à conduire qu'un espalier de cerisiers; ces arbres sont d'une docilité parfaite : leurs jets, longs et souples, peuvent être palissés très-près les uns des autres, de sorte que le mur est parfaitement couvert en très-peu de temps;

on n'a point à craindre, comme pour le pêcher, que les branches palisées dans une situation verticale s'emportent aux dépens du reste de l'arbre; rien ne s'oppose à ce que le cerisier en espalier soit conduit avec la plus régulière symétrie. Les yeux à fleurs du cerisier mettent trois ans à se former; mais une fois la mise à fruit bien établie, ils se succèdent sans interruption, et donnent tous les ans. Les productions fruitières du cerisier sont des lambourdes, dont la taille prévient le prolongement excessif; on en provoque le remplacement avant qu'elles soient épuissées. Les cerisiers nains, greffés sur mahaleb, cultivés en pots, se conduisent d'ordinaire en quenouille; cette forme n'offre d'autre avantage que celui de tenir peu de place sur la table où ces cerisiers sont destinés à figurer au dessert avec leurs fruits mûrs; le cerisier ne se plait pas sous cette forme, trop contraire à sa libre végétation.

Taille en éventail sur cerisier.

Cette taille n'est en usage que pour quelques espèces des plus hâtives. *La cerise hâtive d'Angleterre* est presque la seule que l'on cultive ainsi à l'exposition du midi, où elle donne des résultats satisfaisants, pourvu que la terre soit de nature convenable. On pourrait employer plus fréquemment cette forme à l'égard de quelques espèces tardives placées à l'exposition du nord.

Les opérations propres à cet arbre sont simples : elles consistent à l'établir sur quatre branches, ensuite à former les branches secondaires, selon la figure du poirier, pl. IX, p. 22, mais plus rapprochées l'une de l'autre. Pour les obtenir ainsi, les mères branches devront être taillées assez court, ensuite les branches secondaires ne devront être éboutées que dans le cas où elles paraîtraient avoir de la tendance à dominer celles du même genre qui, pour la plupart, resteront sans être taillées. Ces arbres, bien palissés, sont d'une élégance admirable. Pendant l'été, on pincera avec soin tous les bourgeons qui se trouveront sur le dessus des branches charpentières et qui paraîtraient devoir les dominer; il en sera de même de ceux qui poussent en avant. Si cette opération était faite trop tard, il faudrait ébourgeonner, mais couper les bourgeons plutôt que de les casser, et sans attendre qu'ils aient pris le caractère de rameaux. Enfin le palissage fixera tous les bourgeons réservés pour le prolongement de chacune des branches.

DESCRIPTION DU FIGUIER.

Arbre cultivé en grand dans le levant et dans le midi de la France où il s'élève à la hauteur de 25 pieds, et où son fruit forme un objet considérable de commerce. Mais aux environs de Paris, s'il n'est pas favorisé de la protection de quelque haute muraille, il ne s'élève guère qu'à 8 ou 10 pieds; il est même de notre intérêt de ne le laisser s'élever qu'à 5 ou 6 pieds, afin que la cueillette en soit plus facile et qu'on puisse mieux le garantir des gelées pendant l'hiver.

Tous les figuiers tendent à donner deux récoltes par an, l'une en juillet, et l'autre en septembre et octobre; mais la seconde n'arrive que très-rarement à maturité sous le climat de Paris; il y a pourtant quelques variétés dont la seconde récolte réussit mieux que la première.

Taille des figuiers.

Cet arbre n'exige que le nettoyage de son bois mort, puis l'éborgnage de l'œil terminal des rameaux qui auront plus de 16 centimètres (6 pouces) de long : cette opération, qui devra se faire immédiatement après les avoir découverts, a pour but de faire bifurquer les branches et nouer les fruits, qui, sans ce moyen sont sujets à couler ou à avorter.

Figuiers forcés dans la serre.

Ce fruit n'est pas assez recherché en France et en Belgique pour qu'on lui consacre une serre à forcer; il n'en est pas de même en Angleterre, où le jardin royal de Kew contient une serre de seize mètres de long, exclusivement remplie de figuiers forcés. La végétation des figuiers dans ces serres est conduite de manière à les placer autant que possible dans les conditions de température de leur pays natal; par ce moyen, on obtient une première récolte au printemps et une seconde à l'automne. Le figuier ne se taille point; la température de la serre à forcer le figuier est celle de la serre à forcer le pêcher.

DE QUELQUES

INSECTES ET MALADIES

LES ARBRES FRUITIERS, AVEC LES MOYENS DE LES EN GARANTIR.

Du Kermès.

Le kermès est connu de tous les cultivateurs sous la dénomination de punaise ; il a aussi été décrit par quelques auteurs sous le nom de gallinsecte : on sait combien il est nuisible à la culture du pêcher et de la vigne en espalier. Il m'a paru essentiel de signaler cet insecte sous les divers caractères qui lui sont naturels, par rapport aux différents âges où il est utile de les faire reconnaître ; l'époque du premier printemps m'a paru être le moment le plus favorable à cet examen : c'est alors que les plus anciens kermès se font remarquer par leur forme, qui est quelquefois demi-sphérique, mais plus souvent oblongue, et leur fixité sur le vieux bois, du côté opposé à la lumière ; lorsqu'ils en sont détachés, ils ressemblent assez à de petites coquilles, dont les plus grandes offrent une largeur de 6 à 7 millimètres de long sur 5 de large. Lors de cet examen, on remarque que les kermès sont complètement morts : il n'en est pas de même de leurs petits, éclos par milliers pendant l'été qui a précédé cette époque, et placés sur du bois plus jeune, *les rameaux surtout,* où ils sont presque imperceptibles par rapport à leur petitesse et à leur couleur, qui se rapproche de celle de l'écorce ; mais, vus de près, ils ont tous les caractères du squelette de leur mère, et n'attendent que la fin de mai ou la première quinzaine de juin pour en prendre promptement tout le volume. Après cette époque, ces insectes se remplissent de plus de 1,500 œufs de couleur rousse, de la grosseur de petits grains de sablon : dans quelques-uns de ces animalcules, les œufs sont entrelacés d'un réseau blanc soyeux qui soulève la mère, en dépassant son volume de beaucoup ; ce caractère donnerait à penser que c'est une espèce distincte de l'autre, qui en est complètement privée. L'époque de l'éclosion des petits varie selon les temps, les expositions et la nature des arbres qui en sont infectés; néanmoins on peut regarder la fin de juin comme étant le terme moyen : à cette époque, ces insectes se font remarquer sous une forme aplatie un peu oblongue, d'un jaune pâle; et par une extrême petitesse; ils sont munis de six pattes presque imperceptibles; dans cet état, ils quittent leur mère, qui est mourante, et viennent se fixer sous les feuilles, où ils restent tout l'été et une partie de l'automne; lors des premiers froids, ils viennent se placer sur les rameaux et sur du bois plus vieux, où ils se tiennent immobiles pendant tout le reste de leur existence, qui doit se terminer comme celle de leur mère. Dans tout état de choses, ils forment une espèce de crasse noire qui s'attache à toutes les parties de l'arbre et aux divers corps qui les avoisinent. La destruction de ces insectes s'opère de diverses manières; la plus simple, que je n'ai vue employée nulle part et que je n'ai mise en pratique qu'à la fin de septembre 1842, consiste à forcer la chute des feuilles infectées, avant que ces insectes ne les aient abandonnées pour se fixer sur les rameaux ainsi que je l'ai déjà dit : pour faire cette opération sans altérer davantage la vigueur de ces arbres, on surveillera attentivement l'approche des premières gelées; à cette époque, on touchera les feuilles en masse, de bas en haut; et, si environ un quart se détache sans effort, on pourra, sans danger, les enlever toutes; on les placera dans une corbeille pour être transportées à l'écart et brûlées sans délai : la même opération pourra se pratiquer pour la vigne, qui est très-sujette à être infectée de ces insectes.

Si cette opération est faite avec le soin que je recommande, on ne trouvera aucun de ces animalcules sur les branches et sur les rameaux, et si au contraire elle a été différée trop longtemps et que déjà on en trouve quelques-uns attachés sur les écorces, on fera la taille de ces arbres dans le courant du mois de février, et on profitera d'un moment où leur branches ne contiendront plus d'humidité extérieure pour les chauler (lait de chaux) complètement.

Du tigre (acarus) *et de ses variétés.*

Le tigre est connu des cultivateurs sous trois formes différentes, de couleur grise; le plus grand est allongé, assez pointu par une de ses extrémités, placé longitudinalement sur les branches et fortement adhérent à l'écorce; vu dans cette position, il a un peu l'aspect d'une petite graine de reine-marguerite, et lorsqu'il est examiné en sens opposé, il a un peu la forme d'une petite nacelle : les uns sont vides ou paraissent à peu près tels; les autres, plus remplis, sont sans doute vivants, car, par la pression, ils laissent échapper une petite portion de matière glaireuse, dont la couleur se confond avec celle de l'animal.

Cet insecte, comme les deux autres variétés dont il va être parlé, occasionne de très-grands préjudices aux arbres qui en sont infestés, en ce qu'il suce et dessèche une partie de leur écorce, ce qui les met dans l'impossibilité de s'élargir aux divers mouvements de la sève.

De la seconde espèce de tigre.

Cette espèce est de même couleur que la précédente, de forme un peu variée, en ce que les uns sont légèrement oblongs, les autres ronds et presque imperceptibles à l'œil nu, très-aplatis sur l'écorce et fort adhérents : lorsqu'ils en sont détachés et vus en masse, on croirait voir un amas de menu mêlé de poussière; mais, vus séparément, ils ressemblent à de petits coquillages. Il en est qui sont un peu transparents; ce sont, sans doute, les morts : les autres, plus rembrunis, récèlent un petit corps globuleux très-fragile, de couleur jaune, transparente, presque invisible aux yeux fatigués; lorsqu'il est pressé avec la pointe de la serpette ou autre corps dur, il laisse échapper une substance de même couleur. Les pêchers ne sont pas exempts de cet insecte; les poiriers et les pommiers surtout, placés sur des terres brûlantes et à des expositions chaudes et peu aérées, en sont plus souvent affectés : c'est pour cette cause que les poiriers plantés dans une bonne terre, à l'exposition du midi et au levant, y sont très-sujets. Pendant le cours du mois de juillet ou au commencement d'août, ces insectes donnent naissance à des myriades de petites mouches à ailes rondes, de couleur grise et comme couvertes de poussière. Ces dernières s'attachent de préférence en dessous des feuilles et en rongent le parenchyme, ce qui les fait dessécher en peu de jours. Par suite de ce butinage, ces feuilles se trouvent enduites d'une liqueur brune, gommeuse et sucrée, semblable à du caramel : je ne sais si elle est le produit d'une sécrétion accidentelle causée par la présence de ces insectes ou par un dépôt de leurs déjections. Lorsque ceux-ci ont acquis tout leur développement, *ce qui a lieu en peu de jours*, on les voit voler en masse dans le voisinage des branches, sur lesquelles ils viennent déposer leur larve, qui m'a paru n'avoir besoin que de trente à quarante jours pour prendre la forme indiquée plus haut; mais on peut éviter ce dépôt, et détruire radicalement ces petites mouches lors de leur apparition, en les asphyxiant par les moyens indiqués pour la destruction du puceron vert, et après les avoir précipitées sur le sol au moyen de l'arrosement indiqué et en leur jetant un peu de terre légère ou autre corps en poudre, afin qu'aucune ne puisse se relever de cette position.

De la troisième espèce de tigre.

Cette troisième espèce n'est, pour ainsi dire, pas visible à l'œil, en ce qu'elle semble faire corps avec les écorces du vieux bois, sur lesquelles elle est fortement fixée; cependant elle s'y fait remarquer par les petites cavités irrégulières que sa présence y occasionne : on la rencontre également sur des parties plus régulières, comme y étant fixée depuis moins de temps; mais alors il faut encore la regarder de plus près, en ce que sur ces divers point on peut la prendre pour de la poussière agglomérée ou des points de l'écorce; ce n'est qu'en grattant ces parties avec force que l'on y découvre de petites plaque blanches au milieu desquelles on remarque de petits points d'un carmin assez vif. Ces insectes sont quelquefois tellement multipliés et entassés, qu'il est difficile de les reconnaître séparément. Si l'on enlève légèrement l'épiderme des parties infestées, on y trouve l'écorce altérée à l'état de meurtrissures, ce qui l'empêche de se dilater; celle qui est restée intacte semble prendre plus de volume que si le tout était resté à son état normal : ces deux contrastes occasionnent les petites irrégularités que j'ai signalées plus haut. Je n'ai aucune connaissance des moyens que la nature emploie pour la reproduction de cette troisième variété, que l'on trouve plus particulièrement sur les pêchers et les poiriers; la larve de cette dernière espèce de tigre, dont je n'ai pu jusqu'à ce jour reconnaître l'animal à son état normal, semble être moins connu que les deux précédentes, à cause des cavités et des crevasses qu'elle occasionne aux écorces. Elle semble être plus difficile à détruire au moyen du chaulage (lait de chaux) indiqué pour le kermès; mais les huiles les plus communes, employées avant le premier mouvement de la sève, la détruisent radicalement sans nuire aux arbres sur lesquels on en fait l'application. Les terres et les expositions que j'ai signalées comme étant les plus propres à la propagation de cet insecte sont tout à fait identiques avec ce que j'ai annoncé en parlant des autres espèces.

Du puceron vert, de sa variété de couleur brune et du moyen de le détruire.

Ces deux variétés de pucerons sont généralement trop connues pour exiger une description; on sait également qu'elles sont très-nuisibles à la culture du pêcher : on les détruit au moyen de la fumée de tabac; mais il faut en faire l'application d'une manière plus exacte qu'on ne le fait journellement. Le moyen que j'ai toujours employé avec beaucoup de succès, consiste à avoir un tissu de calicot ou autre, d'une assez grande étendue pour couvrir l'arbre sur lequel on veut opérer : avant l'étendage de cette pièce, on aura la précaution de la mouiller, afin qu'elle offre moins de passage à l'air, et, si l'on avait à craindre que sa pesanteur rompît quelques bourgeons, on interposerait quelques faibles perches, qui auraient pour but de tenir l'appareil un peu écarté; après quoi, on fait en sorte d'en rapprocher les extrémités aussi près du mur que possible, afin d'empêcher la sortie de la fumée qui sera introduite sous l'appareil à l'aide du soufflet fumigatoire connu pour l'usage des serres; à son défaut, on se servira d'un tout petit fourneau garni d'une petite quantité de charbon en pleine combustion; après l'avoir introduite sous la toile, on jettera la quantité de tabac nécessaire pour entretenir la fumée trois à quatre minutes; après quoi, on retirera l'appareil; puis un arrosement fait avec la pompe à main ou autre débarrassera les arbres comme par enchantement. J'ai vu être obligé de répéter cette opération quinze à vingt jours après; mais il est rare que l'on soit obligé d'opérer une troisième fois pendant le cours de la végétation. Les sécheresses printanières sont très-propres à la propagation de ces insectes; c'est pourquoi des arrosements faits, le soir, sur les feuilles, au moyen de la pompe à main, produiront d'excellents effets, toutes les fois que l'on n'aura pas à craindre de gelées blanches le lendemain. On peut aussi détruire la larve de ces variétés de pucerons, pendant l'hiver, au moyen de l'amalgame employé pour le kermès, etc. : la difficulté est de la reconnaître, en ce qu'elle est d'une extrême petitesse; sa forme est presque ronde, de couleur noire luisante : lorsque l'on y porte la pointe de la serpette ou un autre corps dur pour l'écraser, elle offre une espèce de résistance assez semblable à celle d'un grain de sablon; froissée avec la main, elle exhale une odeur extrêmement fétide, et sa décomposition y dépose une couleur jaune qui reste fixée à la peau pour quelques jours. Cette larve se trouve généralement à la naissance et à l'extrémité des rameaux; dès lors on peut juger de la difficulté de l'extraire des arbres; mais, comme elle est presque toujours accompagnée de quelques autres, en faisant l'application qui vient d'être prescrite, on détruit le tout ensemble, toutes les fois qu'aucune partie réservée par la taille n'en sera exceptée.

Composition propre à la destruction du kermès, des diverses variétés de tigres et de la larve du puceron vert.

Prenez 4 litres d'eau ou de lessive, ce qui vaut mieux, dans lesquels vous ferez dissoudre un demi-kilogr. de savon vert ou noir : on y jettera la quantité de chaux vive nécessaire à faire une bouillie claire, semblable à celle dont se servent les badigeonneurs : ce mélange sera employé immédiatement, par un temps sec, à l'aide d'une brosse ou d'un pinceau avec lequel on parcourra toutes les parties infestées, afin de les enduire complètement. Les huiles de poisson et de lin remplissent le même but, mais la dépense en est plus élevée, et l'application se fait avec moins de précision, en ce que la couleur de ce fluide est peu remarquable sur les parties où l'on en fait l'application; le premier mode doit donc être préféré. Ce travail doit être fait avant les premières traces de la végétation printanière; autrement l'on courrait les risques de fatiguer les yeux et les boutons qui en seraient atteints : on peut aussi employer ce mélange pour blanchir les fortes branches et les tiges des gros arbres que l'on aurait récemment soumis à la plantation et dont on redouterait la brûlure des écorces.

Emplâtres résineux.

Les substances résineuses mêlées sont très-utiles pour cautériser toute espèce de plaie et assurer la reprise des greffes en fente et autres. Les emplâtres se composent comme il suit : à 500 grammes de *poix de Bourgogne, poix blanche, poix grasse,* on ajoute 125 grammes de poix noire ou brai, avec égale quantité de poix de résine et autant de cire ordinaire; toutes ces matières doivent être fondues ensemble pour en faire un mélange assez compacte, en forme de mastic très-maniable.

Toutes les fois qu'on voudra s'en servir, il faudra le liquéfier.

Moyen de détruire les fourmis.

Les fourmis accompagnent presque toujours les insectes dont nous venons de parler, soit pour s'emparer de leurs excréments, ou butiner leurs sécrétions ou celles qu'ils occasionnent aux bourgeons et aux branches sur lesquels ils sont fixés. Avant l'apparition ou après la destruction de ceux-ci, les fourmis se trouvent errantes et un peu au dépourvu; dès lors on devra profiter de cette circonstance pour préparer leur perte, en plaçant, à quelque distance du pied de chaque arbre, un petit tas de fumier à demi consumé, légèrement humide, sur lequel on dépose quelques fruits secs, ou mieux, un petit morceau de sucre; puis on recouvre le tout avec un moyen pot à fleurs : ces insectes ne tardent pas à venir s'amonceler sous le vase; dès lors il est facile de les détruire, à l'aide d'une poignée de paille ou autre corps mis en combustion avec lequel on les flamboie.

Maladie de la cloque et moyens d'en préserver les arbres.

Cette maladie, qui affecte l'extrémité des jeunes bourgeons et leurs feuilles naissantes non développées, existe souvent dix ou vingt jours et plus, avant qu'elle ne soit visible à l'œil nu; cependant avec un peu d'attention on la reconnaît, notamment sur les feuilles, sous l'aspect d'une teinte rouge purpurine : de nouvelles observations m'ont fait connaître qu'un seul jour de froid humide suffit pour faire apparaître cette teinte rouge, et que plus les temps froids se continuent, plus elle se multiplie; dès lors cette maladie devient grave et quelquefois générale en ce que cette couleur rouge bien prononcée est la cloque elle-même, n'attendant plus que quelques jours de beau temps pour se faire reconnaître sous cette forme crispée et boursoufflée qui donne suite à de petites pochettes dont les unes sont disposées à recevoir des gouttelettes d'eau, et les autres très-favorables à la propagation des pucerons et autres hémiptères ; tous ces inconvénients, auxquels il faut encore ajouter celui d'un emploi de sève perdue pour les bourgeons utiles, doivent suffire pour faire disparaître cette maladie aussitôt sa première apparition et ne pas attendre qu'elle soit sur le point de tomber, comme on le pratique trop souvent. Dans le premier cas, cette opération se fait avec les ongles, avec lesquels on retranche les jeunes feuilles qui sont atteintes de la couleur rouge dont nous avons parlé plus haut ; mais, si par négligence ou défaut de temps, on vient à opérer lorsque la maladie s'est accrue et que les feuilles sont devenues grandes, on les fera couler légèrement entre les doigts, pour en extraire les parties affectées ; il en sera de même pour celles que les pucerons font reconquiller, en prenant la précaution de froisser ces dernières dans les mains, afin d'aider à la destruction de ces insectes et à celle des fourmis qui les accompagnent, et dont le nombre de chacun augmente d'autant plus que cette réforme sera négligée : quant aux bourgeons atteints de cette maladie, on en fera l'extraction à la manière du pincement ; cette opération, faite de bonne heure, déterminera le développement des yeux placés à la base, qui, sans cette mesure, seraient promptement affectés de cette maladie, qui causerait la perte entière de ces bourgeons, ce qui occasionnerait souvent des vides difficiles à réparer. Cette maladie, que j'ai toujours attribuée à des changements de température trop subits, accompagnés de pluies et de coups de vents froids, est la cause pour laquelle je conseille les abris, comme étant le seul moyen qui ait réussi jusqu'à ce jour : les auvents et les toiles doivent être préférés et placés comme pour la garantie des fleurs. Quant à des affections de ce genre que l'on rencontre sur quelques arbres plutôt que sur tels autres à la même exposition, je les attribue à une végétation plus ou moins active, à laquelle il faut ajouter les circonstances atmosphériques que je viens de signaler, et qui agissent ici comme les gelées printanières.

TABLE.

TABLE.

TABLE.